今天起，和植物一起生活

私のゆるっと植物生活

kurumidori channel 著

前言

一起開啟綠意生活吧！

「在社群平台上，
看到充滿綠意的居家擺設。

總是很憧憬，也躍躍欲試，
但很擔心自己照顧不來，
畢竟之前養過的植物馬上就枯死了，
自己應該不適合養植物吧⋯⋯」

你是否也在猶豫
該不該在家養植物呢？

放心吧！
與植物的生活
並沒有想像中的困難，

我們還是能用便宜的價格，
去買到那些不太需要頻繁澆水、
即使在日照不佳的地方也能適應的植物。

所以要不要從找出符合自己的生活型態、
看了又喜歡的盆栽來開啟植物生活呢？

目次

前言：一起開啟綠意生活吧！ ………… 002

chapter 01 這樣的我也能過上充滿綠意的生活嗎？

- 住在日照不佳的房子裡，植物種得活嗎？ ………… 010
- 一個人住且經常不在家，很難顧好植物吧？ ………… 012
- 我這麼懶惰，也能成功種植嗎？ ………… 014
- 我很怕蟲子，但植物很容易長蟲吧？ ………… 016
- 買苗和工具，好像要花很多錢？ ………… 018
- 家裡有小朋友，是不是難以順利種植？ ………… 020
- column　我的種植初體驗 ………… 022

chapter 02 下定決心開啟植物生活！

- 準備基礎園藝用品 ………… 024
- 買苗 ………… 026
- 選苗 ………… 028
- 選盆 ………… 030
- 準備培養土、肥料、輕石 ………… 032
- 換盆 ………… 034
- column　選苗時猶豫不決 ………… 038

chapter 03 植物生活的基礎

- 植物要放在哪裡呢？ 040
- 觀察土壤和葉片再澆水 042
- 在哪裡澆水比較好？ 044
- 換季時的注意事項 045
- 換盆的絕佳時間 046
- 肥料與除蟲藥劑 048
- 清潔和剪枝的方法 050
- column　每天幫植物做健康檢查 052

chapter 04 植物的疑難雜症 Q&A

- 葉片變黃了怎麼辦？ 054
- 植物變虛弱怎麼辦？ 056
- 不知道什麼時候該澆水？ 058
- 植物長蟲怎麼辦？ 060
- 植物總是沒精神怎麼辦？ 061
- 植物的生長方向失衡怎麼辦？ 062
- 從莖節長出來的根，該怎麼處理？ 064
- 葉片斑紋消失了怎麼辦？ 065
- 土壤發霉了怎麼辦？ 066
- 可以同時種很多植物嗎？ 067
- 觀葉植物可以存活幾年呢？ 068

換盆時可以準備較大的盆器嗎？ 069

不同種類的觀葉植物可以混植嗎？ 070

chapter 05 享受居家的綠意裝飾生活

用吊籃懸吊植物 072

分株增加植物數量 074

水耕栽培法 076

無土栽培法 078

column 我的植物生活，持續更新中！ 080

chapter 06 選擇最適合自己的觀葉植物

植物圖鑑的使用方式 082

本書植物的分類 083

【龜背芋】

小龜背芋 084

姬龜背芋 085

多孔龜背芋 086

斑葉龜背芋 087

【蔓性植物】

黃金葛 088

常春藤 089

Sugar Vine 090

星點藤 091
薜荔 092

【主樹】
琴葉榕 093
愛心榕 094
小豆樹 095
袖珍椰子 096
萬年青 097
珊瑚朱蕉 098
鵝掌柴 099

【樹木】
發財樹 100
細葉榕 101
紐西蘭刺槐 102

【多肉、鹿角蕨】
荷蘭鹿角蕨 103
龍舌蘭・王妃雷神錦 104
羊角沙漠玫瑰 105
圓葉椒草 106

【適合新手】
金邊虎尾蘭＆姬鮑魚虎尾蘭 107
白鶴芋 108
大鶴望蘭 109
鳥巢蕨 110

【彩葉植物】
孔雀竹芋 111
灑金榕 112
斑葉紅裡蕉 113

【空氣鳳梨】

- 女王頭空氣鳳梨 … 114
- 松蘿鳳梨
- 霸王鳳
- 卡博士空氣鳳梨
- 大三色空氣鳳梨
- 小精靈空氣鳳梨
- 空氣鳳梨的照顧方法 … 116
- 利用盆器變換居家氣氛 … 118
- 推薦的園藝單品 … 120
- 園藝用語 … 122
- 後記 … 126

note

本書中推薦的工具和材料品牌，以日本當地常見為主，若海外不容易購買，請自行以其他品牌代替即可。

chapter
01

這樣的我也能過上充滿綠意的生活嗎？

想嘗試向「綠意生活」
踏出第一步的人，
我來輕輕推一把吧！
請放心，你一定種得起來。

question 01

住在日照不佳的房子裡，植物種得活嗎？

> 只要選擇耐陰植物，儘量放在明亮處就沒問題！

基本上觀葉植物皆生長在彷彿叢林般、陽光照射不到、綠意盎然的地方，所以其實觀葉植物很怕陽光直射，不用種在陽光普照的明亮室內也可以。即使住在沒有窗戶的獨居公寓或是沒有陽台的家，也能種植觀葉植物。

在偏暗處也容易生存的植物，稱為「耐陰植物」，因此煩惱家裡日照不佳的人，可以選擇耐陰植物來種植。市面上常見的經典虎尾蘭和龜背芋，便是在陰暗處也能活得很好的種類。

但若是住在一整天不開燈，室內就不能看書的陰暗家中，仍建議使用植物燈來增加亮度。市面上有販售許多類型的植物燈，可以選購符合植物性質且適合居家擺設風格的款式。

010

在陰涼處種植的注意事項

即使是耐陰植物,也不代表它們只喜歡陰暗處,而只是擁有在陰暗處也能培育的特性,所以還是建議盡可能地放在家裡最明亮的地方。若放置窗邊,夏季溫度容易上升,冬季則容易下降,要注意溫度管理。

利用植物燈補足光照!

當日照不足時,會導致植物的莖和枝節長成細長軟弱的樣子。如果你的植物呈現這樣的外觀,建議利用植物燈協助植物進行光合作用。

LUCHE

此產品設計成能當作居家陳設的植物燈,工業風設計是其特色。能用 USB 供電,十分適合想在桌邊擺放植物的人。

INTERIOR & GROW LUCHE
客製品 (圖為 mana's farm 獨家設計)
台幣約 960 元/SCHWINSEN

Helios

不僅有照明功能,此產品將研發重點放在促進光合作用,能簡單地把家打造成植物樂園。其近似陽光的照明是重點特色。

Helios Green LED HG24 (黑)
台幣約 1640 元/JPP

LeGrow

此產品兼具盆器、LED燈、加濕器等功能。其中的自動澆水器能提供植物水分,讓繁忙或經常不在家的人也能安心使用。

LeGrow (花園組)
台幣約 8830 元

question 02

一個人住且經常不在家，很難顧好植物吧？

> 只要在外出前做好對策，植物就能好好活著！

「工作很忙」、「臨時要出差」、「突然要返鄉一趟」等等，一個人住就是會遇到許多不可控的突發狀況。

有這種煩惱的人，建議選擇不用頻繁澆水、耐旱、耐熱又耐寒的植物吧！若是耐陰植物，就可以更加放心了。像是觀葉植物就不需要每天澆水，只要不是出差超過10天，就用不著擔心。如果有好幾天不在家，外出前先把植物澆透，並移動至溫度變化較少的陰涼處即可。

長期外出時，若是把植物放在窗邊，夏季可能會讓植物在陽光下過度曝曬，冬天則是會讓植物處在寒冷狀態，因此都要特別小心。另外，也可以打開循環扇，因為植物的活動之一為「蒸散作用」，所以保持空氣流通也十分重要。

012

耐旱植物	耐熱、耐寒植物

細葉榕　發財樹

萬年青 　珊瑚朱蕉

小龜背芋

黃金葛

不同季節的注意事項

夏

氣溫上升時，陽光直射可能會造成植物葉燒、盆內的溫度上升或是根腐的情況。當長時間不在家時，建議將植物放在陰涼處。

冬

很多植物原產自叢林，所以過冷會造成植物的負擔，而且寒冷帶來的乾燥會造成植物凍傷。建議幫植物套上植栽套，以做好防寒對策。

長期不在家的對策

當不在家時，可以使用自動澆水器

1 幫植物澆透後再出門。除非才剛澆水，土壤還是濕潤的狀態，否則最好還是在出門前澆水至水從盆底流出為止。請注意底盤若有積水，可能會孳生蚊蟲。

2 日照充足處早晚溫差過大，對植物容易造成負擔，所以最好移至陰涼處，也能預防葉片過乾。此外，放在濕度較高的浴室也可以。

3 窗邊的氣溫和濕度變化過大，會使植株受損，而且照射過多陽光會造成葉燒。若只能放在窗邊，建議另掛上蕾絲窗簾，做好預防對策。

長時間不在家時，若使用自動澆水器等工具，就能更安心。回家後，也要記得檢查葉片和莖部，確認植物是否健康。

question 03
我這麼懶惰，也能成功種植嗎？

> 只要掌握澆水頻率、植物大小和種類，即使是懶人也能種植成功！

只要注意植物的特性，即使不能每天照顧，也不用太擔心。放在陰涼處就能活的耐陰植物、不需要頻繁澆水的植物、不會長太大的、不易長蟲的植物……選擇適合自己生活的植物，那麼照顧起來就不像大家所想的如此費工夫。

雖然水分對植物來說很重要，但澆太多也不行。如果土壤時常維持濕潤狀態，根部會無法呼吸而導致根腐。澆水過後，務必要等到土壤完全乾燥再澆水。

基本上，在植物的夏季生長期，只需4～5天澆一次水，而生長緩慢的冬季則以10天澆一次水為基準。如此一來，不覺得「就算我這麼懶惰，好像也能種植」了嗎？現在不僅園藝店有販售植物，一些居家生活用品店也會販售適應力較強的植物，對懶人來說會比較容易上手。

特別好種的植物

金邊虎尾蘭
不論是新手或懶人,這是超級好種的「最強觀葉植物」。耐旱又耐陰,很多人首次種植都會選它。

小龜背芋
這是最經典的觀葉植物種類,也是我最喜歡的品種。不僅保水力強,適應環境的能力也很好。

鵝掌柴
耐熱、耐寒是它的特徵,放在戶外也能活得很好。如上蠟般的光澤葉片,能讓人感受到生命力。

種植植物也能調整生活作息?

早上起床後會檢查植物的狀態並視情況澆水,還會確認室內溫度及濕度是否適當。正因為家裡有個會讓人在意的事物,自然而然使生活作息變得規律。

基本上,植物都是在日出時進行光合作用、日落時休眠,因此只要儘量配合植物的生活,也能改善我們的生活作息。

question 04

我很怕蟲子，但植物很容易長蟲吧？

難以保證不孳生蚊蟲，但有許多可以執行的預防方法！

我也很怕蟲，也曾在家裡發現蟲子而受到驚嚇，尤其梅雨季會經常在家裡看到蛾蚋。既然是植物，就難以保證不會長蟲，但我們可以透過預防對策來大幅減少長蟲的機率。

以下提供幾種預防蚊蟲的技巧。有機的土壤和肥料富含了營養素，成為了蛾蚋的營養來源，所以可以選用無機的土壤及肥料；介殼蟲和蟎蟲會怕水，若積極在葉子上灑水也相當具有效果；把防蟲的藥劑混進土壤裡，也是預防蟲子的方法；澆水時，馬上把底盤上囤積的水倒掉，也能避免蚊蟲的孳生。

除此之外，也可以採取不用土壤的水耕和無土栽培法，或是直接選種如萬年青和朱蕉等莖幹結實又不易長蟲的植物。有許多方法能抑制植物長蟲，所以怕蟲的人也可以嘗試挑戰綠意生活喔！

016

不易長蟲的植物

萬年青　　珊瑚朱蕉　　金邊虎尾蘭

植物不長蟲的預防方法

換成無機土壤、積極在葉子上灑水、使用藥劑等等,有許多預防植物長蟲或抑制蟲子增生的方法,可以多方嘗試找出最適合的方式。

土壤　許多蟲子會透過有機土壤繁殖,所以要選用無機培養土。若是混有基肥的培養土,還會讓植物更有效率地生長茁壯。

藥劑　有撒在土壤上的顆粒型藥劑,也有直接噴灑蟲子的噴霧型藥劑,還有能預防其他病害的藥劑。我大多會選用有機類型的藥劑。

肥料　和土壤一樣,使用有機肥料會促使長蟲,所以要選用無機化學肥料。請注意必須要在適當的時機點施肥(參閱P.48)。

灑水　介殼蟲、蟎蟲和蚜蟲很怕水,所以定期灑水讓葉片保濕,便能預防長蟲,也能避免植物乾燥。

不使用土壤的水耕和無土栽培

利用水耕或人工土(例如發泡煉石)的無土栽培,也能避免蟲害發生。能適應水耕和無土栽培的植物之一,就是黃金葛。雖然必須每天換水,但跟用土壤種植不同,能看得到植物的根部,輕鬆地觀察植物的生長變化。

question 05

買苗和工具，好像要花很多錢？

苗和工具的價格範圍很廣，就算只是在百元商店也能全部買齊！

植物的價格、種類和尺寸的範圍非常廣泛，有稀有和大尺寸的高價植物，也有好養又流通於一般市面的植物。此外，種植用的盆器有專業的設計作品，也有輕便的塑膠製品。根據選購的種類，價格也會有大幅度的不同。

在踏出第一步想要享受種植樂趣時，不一定要購買高價商品，可以先從便宜的產品開始著手，更重要的是請好好珍惜「想種植物」的心情吧！

如果植物、土壤、盆器等，都只選用最低限度的種類，大約只要台幣兩百元就能全部買齊，所以要不要先從這裡開始，等培養出種植的自信後，再買自己喜歡的植物和用具呢？肥料不是必要的材料，所以可以省下來，但如果要購買，仍建議到園藝店選用有品牌的肥料。

018

種類不同
價格也不一樣

觀葉植物有各式各樣的種類，而且即使是同種類，價格也會根據葉片花紋和尺寸而有所不同。如果是第一次種植，建議選購不會太貴的植物，因為低價植物大多都健壯又好照顧，等到熟悉種植技巧後，再試著挑戰自己喜歡的植物吧！

在百元商店裡
能買到的植物

虎尾蘭、袖珍椰子和發財樹等適合新手的觀葉植物，在百元商店或居家生活用品店就有販售，所以最適合在這裡挑選第一次要種的植物。不過，也會有較虛弱的植株混在其中，因此注意要選擇葉片堅挺、莖幹結實的植株。

question 06

家裡有小朋友，是不是難以順利種植？

可以跟孩子一起照顧，一同守護植物的生長！

我有4個孩子，他們都很喜歡照顧植物。「葉片會不會被扯掉」、「小孩子玩土會不會把家裡弄得髒兮兮」，有許多人會擔心這些問題，不過只要教導孩子們：「植物也是活的，跟我們一樣都是生命喔！」我相信孩子們一定都能聽得進去。即便葉片被扯掉，也能藉機教育孩子：「這麼對待植物好可憐喔！它們都痛到哭了。」與其擔心孩子，不如讓他們一起幫植物澆水、換盆，一同感受照顧植物的樂趣。根據我的經驗，孩子可能比大人還要關心植物，即使是一片葉子的變化，也能即時發現並與他人分享。

如果家裡有還聽不懂大人的話的小嬰兒，建議可以在大型盆栽周圍放置圍欄，不讓小寶寶靠近，以預防盆栽被弄翻，此外，選擇無毒性的植物也很重要喔！

親子共同作業

換盆
只要大人在旁引導,便能讓孩子們協助換盆作業。小孩子很喜歡玩土,所以需要告訴他們如何細心處理植物的根部。

澆水
只要每天起床時跟孩子一起幫植物澆水,也許孩子就會主動養成早睡早起的習慣。

守護植物每日的生長
「發新芽了」、「開花了」,和孩子一起觀察植物的生長與變化,孩子也能感受到植物跟家人一樣重要。

使用護土蓋也OK
建議可以在盆栽的土壤部分蓋上「護土蓋」,不僅能避免孩子玩土,也可以預防打翻時土壤會大量撒出。

column

我的種植初體驗

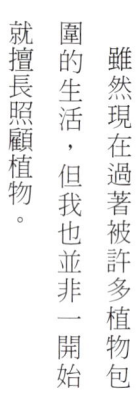

雖然現在過著被許多植物包圍的生活，但我也並非一開始就擅長照顧植物。

距今約10年前，從我在工作的咖啡廳裡，拿到了一株漂亮的愛心榕枝插開始，便展開了我的植物生活。起初的枝插只有15公分左右，如今已長至大約1公尺了，而且似乎還會繼續茁壯。愛心榕的葉片呈愛心形狀，十分可愛討喜。

自從建立了「能好好照顧植物，不讓它枯萎」的自信後，我開始享受起與植物共處的生活，所以相信大家一定也能疼愛並好好照顧自己種的第一株植物。不過，可別因為看植物很可愛，就澆了過多的水，這會導致根部無法呼吸，植株漸漸變虛弱，只要保持平常心來照顧植物就可以囉！

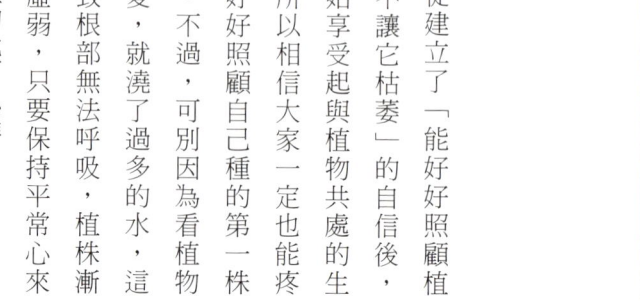

022

chapter
02

下定決心開啟植物生活！

決定開始與植物一起共處，
首先該準備什麼才好呢？
本章將會從園藝基礎用品，
再到選苗方法等進行詳細解說。

準備基礎園藝用品

想要開始養植物，首先必須準備以下列出的10樣材料和工具。只要擁有這些，便能開啟植物生活的第一步——換盆。

除了園藝店和居家生活百貨外，在網路商店和百元商店也能買到這些東西，建議在符合自己生活型態的地方購買用品喔！

【苗】
一開始建議大家選購好種、適合居家環境的苗。根據不同植物種類，售價也會不一樣，最便宜的植物以銅板價就能買到。

【培養土】
培養土是換盆時必不可少的物品之一，許多廠商皆有販售各種觀葉植物用的土壤。擔心會長蟲的人，可以選擇無機培養土。

【輕石】
輕石會鋪在盆器的底部，使土壤的排水性和通風性更佳，而且還能預防植物根腐。

【盆器】

盆器是影響居家擺設風格很重要的因素之一。根據設計的不同，對植物的印象也會不一樣，有塑膠、陶瓷、赤陶土等，選購自己喜歡的材質和樣式吧！

外，土壤也有可能滲入指甲縫，所以建議戴上手套保護雙手。

【工作手套】

有些植物會溢出白色樹液，徒手觸摸可能會讓肌膚過敏，此

【肥料】

肥料主要分兩種，一種是會把土裡微生物分解後才產生效果的遲效性肥料，另一種是施肥後馬上見效的速效性肥料。換盆時，請使用遲效性肥料。

【盆底網】

使用底部有孔洞的盆器進行換盆時，必須使用盆底網。若沒有使用，輕石和土壤會從盆底慢慢流失，使得土壤減少。

【鑷子】

在換盆時，協助土壤更深入盆內時使用。建議使用尺寸較長的鑷子，也可以使用免洗筷或竹籤等長條棒狀物取代。

【鏟土杯】（鏟子）

這並非一般鏟土用的鏟子，而是可撈土的杯狀鏟。我最常使用把手和鏟杯一體成型式的筒狀鏟土杯。市面上販有各式尺寸的鏟土杯，建議選購適合苗和盆器大小的類型。

【澆水器】

澆水時的必要工具，建議選購配合盆器和植物大小的尺寸。不同材質的澆水器，重量也會不一樣，選擇自己喜歡的款式即可。

step 01

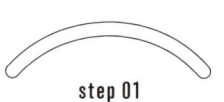

買苗

當準備好必需品後，就馬上去買苗吧！由於最近不論是在住家或辦公室都很盛行栽種植物，所以不僅是園藝店和花店，五金百貨、居家生活用品店等許多地方也都有販售植物。若是種植新手，建議實際到大型園藝店或花市等品項齊全的店家，去親自挑選吧！

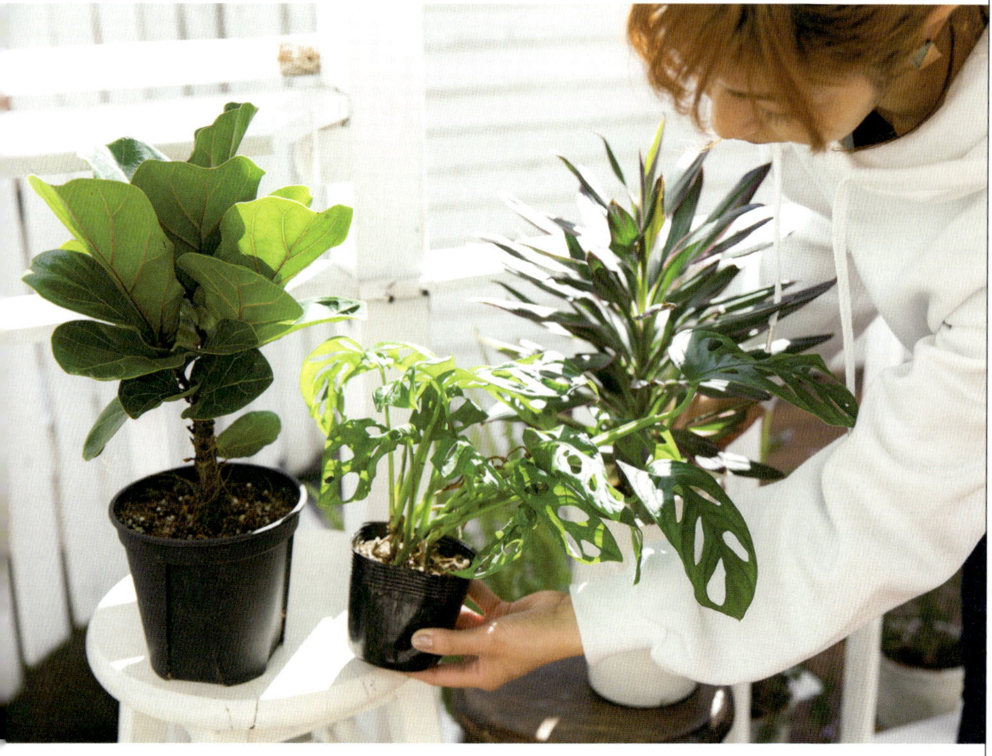

可以在哪裡買苗呢？

不僅在實體店面，網路上也買得到植物。對於已經決定好想種植的品種，或是認識信賴店家的人來說，線上購物是最方便的途徑。不過一開始還是建議親自到實體店面，親眼確認植株的狀態後再購買，會比較安心。

居家生活百貨

販售的植物種類廣泛、品項齊全是這類店家的魅力。即便是同個品種，一同排列還是能看出外觀差別。親自到店確認，找出自己喜歡的植株也是一種樂趣。

園藝店

園藝店內有對植物很熟悉的專家駐店，好處是能向他們詢問相關資訊，而且店內也會放置稀有品種或是各式各樣的漂亮盆器。此外，從店內販售的品項能看出老闆的個性喔！

網路商店

明確決定好要種什麼植物時，上網購物最方便！而且網路上還會有許多居家裝飾的照片，可當作擺設參考，簡單就能讓空間變得更漂亮。

百元商店

便宜又能輕鬆購入是這類店家的特點。雖然植物種類可能較少，但大多是新手容易栽種的品種。不只是幼苗，就連盆器、工具都能在這裡買齊，非常方便。

step 02

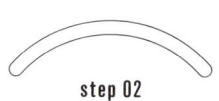

選苗

決定好要去哪裡買苗後，再來就是選苗。雖然可以從外觀來挑選想要種的植物，但建議剛開始最好還是選擇好種、適合居住環境的樹苗，而且依放置地點來挑選植株，也能減少擔心枯萎的煩惱。

推薦新手種植健壯又耐陰的龜背芋、虎尾蘭、黃金葛、細葉榕和發財樹等植物，而且在實體店面挑選時，記得選擇葉片有光澤又健康的樹苗喔！

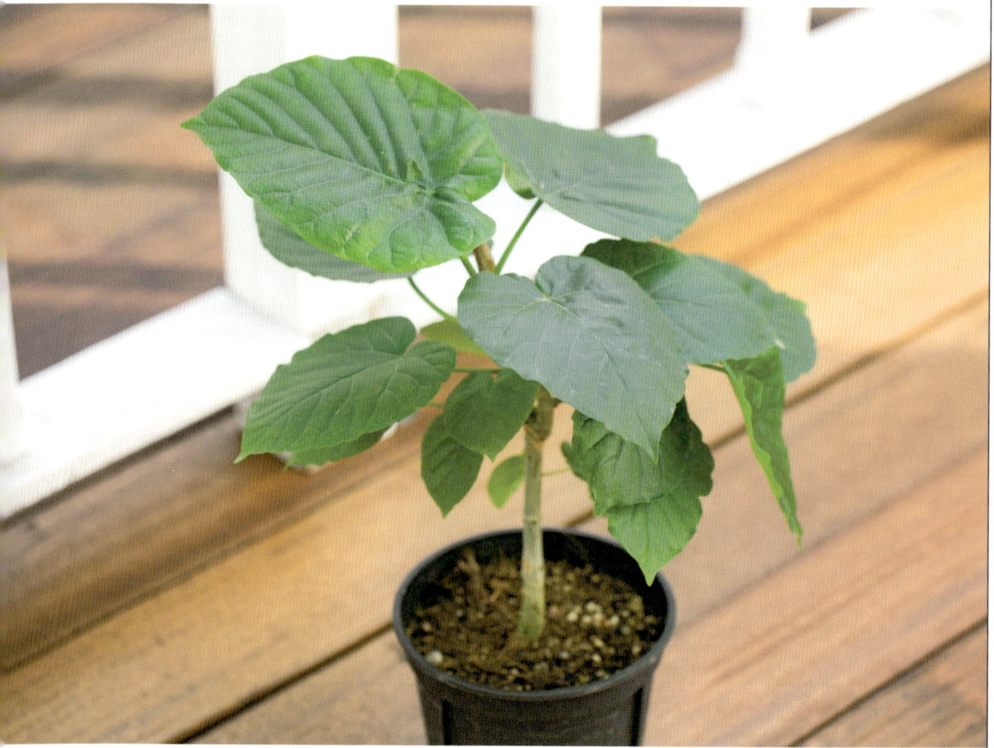

如何選擇適合居家環境的植物？

「家裡是否有照得到陽光的地方？還是全都是陰暗處？」、「平常的生活型態是如何？」從這幾項條件來挑選樹苗吧！以下也介紹5個適合新手的品種，皆是容易適應環境又好種的植物。

適合新手的植物

小龜背芋　　金邊虎尾蘭　　黃金葛　　細葉榕　　發財樹

優良樹苗的分辨方法

選苗時，植株看起來很有活力是首要條件！
只要掌握重點，便能簡單分辨出健康的樹苗。

葉片飽滿有光澤

首先要觀察葉片，葉片有光澤即是健康的樹苗，有變色則不佳。只要看葉片便能輕易看出植株是否健康。

植株底部結實強壯

植株底部結實即是確實紮根的證明。假如摸起來軟弱無力，則代表紮根不穩固，要盡量避免購買。

莖幹飽滿

水分確實傳遞到莖幹，使莖幹飽滿的狀態尤佳。若莖幹有皺紋，盤根或根腐的可能性極大。

土壤不會過於乾燥

只用看的可能很難辨別出來，但過於乾燥的土壤是沒有營養的，會使植株生長成瘦弱狀態。

選盆

準備完樹苗後,接下來是選擇盆器。挑選適合植株的盆器,是我自己很喜歡的一項過程。

選盆時,最重要的是「盆器的機能性適不適合植株」,如果好不容易換盆了,結果植物不適應,那就會白費工夫。市面上販售的盆器種類相當豐富,建議挑選底部有孔洞的類型,澆水時能把土壤裡的老廢物質沖走,使植物保持健康狀態。

030

選擇適當大小的盆器

基本上要選擇比買回來的盆栽，還要再大一個尺寸的盆器。假設植株原本裝在 4 號盆，就要換到 5 號盆。盆器太小會造成盤根，太大則澆水後土壤可能不易乾，會造成根腐，因此必須準備適當大小的盆器。

9～11 號

6～8 號

3～5 號

編註：臺灣花盆業者多以「寸」為單位來稱呼盆器尺寸，1寸大約是3cm（以圓形盆器的盆口直徑計算），以此類推。

各式各樣的盆器材質

市面上販售的產品尺寸、設計和材質都相當多樣，請考量各種特性，選出適合植株的盆器。

陶瓷盆
顏色、尺寸、設計的樣式很豐富多元，適合喜歡享受幫植株和盆器搭配的人。

塑膠盆
塑膠製品是最常見的盆器，優點是輕盈、不易破、容易取得和價格便宜。

素陶盆(Terracotta)
義大利文 Terracotta 意即「烤過的土」。材質通風良好，最適合新手使用，但要小心易碎。

駄溫盆
用比素燒盆還要高的溫度燒製而成，具有保水性，而且更不易碎，適合所有植物。

玻璃盆
此款材質可以清楚看到植株整體，能及早避免根部的問題發生，也能看見植物的生長過程。

植栽套
若是在不適合換盆的冬季買下樹苗，可以在盆栽外套上植栽套，幫植株防寒。

step 04
準備培養土、肥料、輕石

換盆時，需要培養土、肥料和輕石，進到店裡看到架上排列許多種類的商品，也許會難以決定，不過培養土只要選購室內觀葉植物用的準沒錯！

肥料根據功用基本上分成能讓葉片有活力的氮肥、讓花開得漂亮的磷肥、讓根長得紮實的鉀肥。另外又分成有機肥料和化學肥料，觀葉植物建議使用無味、不易長蟲的無機化學肥料。

推薦的品項

培養土

室內觀葉、多肉專用土

此款為無機土壤，較無味道，也不易長蟲。雖然顆粒偏大，但用起來較方便，而且遇水會變色，所以能輕易分辨澆水時機。

3.5L／PROTOLEAF

肥料

魔肥（Magampk）中粒

這是適合所有植物作為基肥的肥料，可在換盆時使用，能幫助植物穩健紮根。一般都是混進土壤裡使用，效果能持續長達1年。

500g／花寶 Hyponex

輕石

超輕缽底石

換盆時會鋪在盆底，能提升通風性和排水性來防止植物根腐，而且因為不易碎裂，所以可以重複使用。輕石使用過後，還可以當作土壤改良劑來活用。

5L／PROTOLEAF

盆器較小時，可以使用較小的輕石。

可自行調配培養土！

當比較瞭解植物的性質後，可以用不同的土調配出獨創的培養土。我是會儘量把培養土調配成較輕的材質。當習慣綠意生活後，請務必挑戰看看，這也是種植的樂趣之一！

step 05

換盆

換盆前

準備好必要物品後，終於要開始換盆了！換盆的最佳季節是在進入夏季前的五月左右，此時的氣候十分穩定，對植物不會有太大負擔，正準備開始大幅生長。

不過，要盡量避免在買苗後馬上進行換盆。因為突然改變環境，會給植物造成很大的負擔，建議放個一個星期後，等植物習慣現有環境再進行換盆，會讓植株長得更好。

034

換盆的時機點

建議把買回家的苗放置一個星期,讓植物習慣環境再進行換盆,而且最好選在氣候舒適的春季。如果來不及,在秋季換盆也可以。

如果在冬季買苗,最好先不要換盆嗎?

觀葉植物多產於溫暖地區,所以在冬季換盆會造成植物的負擔。此外,這個時期植株不易紮根,所以建議直接種在原本買來的盆器即可,也能另外套上自己喜歡的植栽套,外觀會變得較亮麗。

要在哪裡進行換盆?

在戶外換盆,打掃起來較方便,也便於作業,但若有使用園藝墊,在室內換盆也不成問題。我最常使用不會讓土壤四處飛散、四角可立起的園藝墊。

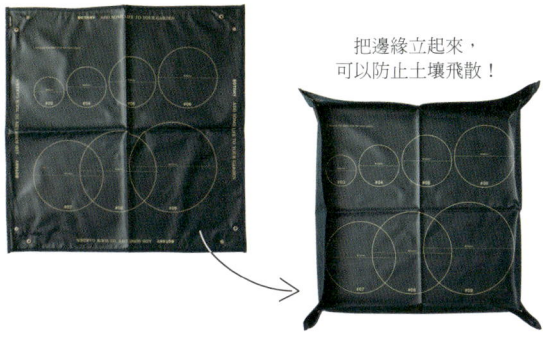

把邊緣立起來,可以防止土壤飛散!

園藝墊

只要參考印在墊子上的圓圈,適合植物的盆器大小便一目了然。以堅固材質製成的園藝墊,打掃起來很方便。

台幣約 580 元／DULTON

進行換盆

一旦幫喜愛的植物換過盆，就會對種植這件事越來越愛不釋手。接下來進入實際的換盆作業，重點在於不傷到植物根部。

【準備用具】

- 苗
- 盆器
- 培養土
- 基肥
- 輕石
- 盆底網
- 鏟土杯
- 工作手套
- 鑷子
- 園藝墊
- 澆水器

memo

換盆後的重點

當完成換盆時，植物還尚未紮根，請至少在兩個星期內避免陽光直射植物，並放在半日照的地方。此時的植物對缺水很敏感，千萬別忘了澆水。

培養土和輕石的保存方法

把用剩的物品放進附蓋的塑膠盒存放，下次換盆時可再拿出來使用。

土壤的丟棄方法

請遵照各政府機關的規定丟棄。或聯絡回收業者來處理。

【換盆方法】

1. 將盆底網剪得比盆底的孔洞還要大一些,並平鋪在盆底。

2. 倒入約 1cm 高的輕石,蓋住盆底網。

3. 再倒入約 1cm 高的培養土在輕石上面。

4. 放入一小撮顆粒狀的基肥(參閱 P.33)。

5. 握住植株,輕輕從盆內拔出。
※小心別傷到根部。

6. 輕輕拍打,把植株根部周圍的土壤拍落。

7. 將植株放入盆器,若斜放會不好紮根,請筆直放入。

8. 放好後,一手扶著植株,一邊將培養土倒入盆器內。

9. 用鑷子插入盆器的邊緣,讓土壤流進根部縫隙內。

10. 預留約 1cm 高的空間,其餘則用土壤填滿。

11. 用大量的水澆透植株,直到水從盆底流出。

column

選苗時猶豫不決

觀葉植物的種類十分豐富，要選擇種什麼會非常猶豫吧？如果你是種植新手，還是建議選擇如虎尾蘭或龜背芋，這類具耐陰性、適應力強的植物，照顧容易，也比較容易建立自信。我自己就很喜歡龜背芋的葉片形狀，所以種了好幾種。

不過，不僅以好種的植物為挑選的條件，帶著興奮心情來

挑選植物也很重要！就跟「抱持熱忱就會進步」這句話的意思一樣，只要開心地照顧自己喜歡的植物，自然就會變成厲害的綠手指，所以當你猶豫不決時，就憑直覺來挑選吧！

植物是生物，如果不適合居家環境，太快枯萎也很可憐，因此請帶著責任感多給予關心，並好好享受綠意生活吧！

038

chapter
03

植物生活的基礎

要怎麼與植物和諧相處呢？
本章將介紹居家種植前，
必須知道的基礎事項。

植物要放在哪裡呢？

「植物並非居家擺設而是生物」，希望大家謹記這個大前提。一旦搞錯了擺放場所，植物就會馬上失去活力。基本上植物不要放置在陽光直射處，「明亮的陰涼處」是最為理想的地方。觀葉植物大多生長在熱帶和亞熱帶地區，所以不耐寒，也要盡量避免放在低於10度的地方。此外，若待在空氣不流通處，植物也很難進行光合作用。不只對人類而言，通風良好的地方對植物也是很舒適的環境。

戶外 or 室內？

春季和秋季對植物來說是舒適的季節，只要放在通風良好的戶外即可，對種植者來說十分輕鬆。不過，將植物放在家中用心照顧也是種植的樂趣，所以本書基本上仍是以室內照顧的方法來介紹。

「水、光、風」缺一不可

植物不可或缺的是水、光、風，只要缺一項便無法進行光合作用，會影響生長。雖然根據種類不同，有耐陰、耐旱的植物，但一定要將這三項要素謹記在心。

把植物放窗邊，就一定最好嗎？

許多人經常會將植物放在窗邊，但此處的早晚溫差過大，並非是擺放植物的最佳位置。像是在過於寒冷的冬季，就需要把植物遠離窗邊，否則冷熱溫差若相距 10 度以上，會使植株變得虛弱。

有這些條件的場所可以放置這些植物！

有溫差又陰涼
適合耐陰且適應力強的健壯植株，例如虎尾蘭、鵝掌柴和榕樹等等。

高濕度
可以放置空氣鳳梨和蕨類植物，甚至是放在浴室或洗手檯都沒問題。

日照過強
受太陽直射的地方，建議擺放不易葉燒的虎尾蘭等植物。

冬季時擺放植物的注意事項

✓ **空調風向**
將觀葉植物放在寒冷的室內，必須開空調調節溫度，但千萬不能讓植株直接吹到風。因為過度乾燥會傷害植株，所以請調整空調風向或是利用循環扇避免直吹。

✓ **日夜溫差**
窗邊的日夜溫差大，會造成植物的負擔，所以晚上最好將植株移至溫暖房間。冬季時如果室溫低且放在沒有暖氣的地方，記得幫盆栽套上植栽套或包上毛巾保暖。

觀察土壤和葉片再澆水

剛開始養植物的人，也許會經常擔心植物是不是缺水了。但澆水過多會使根部腐爛造成「根腐」，一旦根腐，連莖幹都會變色，甚至是整株植物死亡，而且澆水過多還會使土壤發霉。另一方面，若發現葉片乾乾的、葉尖變黃，則正是植物缺水的信號，極需盡速補充水分。因此，澆水不是以人的時間點為主，請仔細觀察土壤和葉片的狀態再澆水。

土壤的狀態

用手摸土時，如果土壤不沾手，便代表植物正在缺水。如果有用覆土材料（參閱 P.121）可能不易觀察，這時可利用竹籤等工具，以不傷根部的方式插進土壤內確認是否乾燥。

葉片的狀態

葉片乾乾的即是缺水的信號，若放任不管，葉尖會開始變黃。如果葉片原本是厚實狀態，卻發現開始產生皺摺，請直接用水把植物澆透。

不同季節的澆水方式

春～秋　此時正值生長期，植株會吸取大量水分。放在日照充足處的植栽土壤會比預期的更早變乾，需頻繁確認是否缺水。

冬　此時正值休眠期，若澆水頻率和夏季一樣，會使植物根腐。有很多觀葉植物即便土壤乾了，不馬上澆水也沒關係。

042

澆水的方法

使用澆水器

早上是最佳的澆水時機,瞄準植物底部後,澆水至盆底流出水為止。葉片生長茂密的植物,若從葉片上澆水,葉片會把水花彈開,讓水無法流進土壤。

推薦產品
花園澆水器
綠茶色 4L
台幣約 960 元／
Royal Gardener's Club

使用噴霧器

為了不讓葉片乾燥,使用噴霧器幫葉子保濕也很重要。另外,噴溼葉片也有防蟲效果,建議每天執行。

推薦單品
植物噴霧器
紅色 500ml
台幣約 680 元／
盆栽專門店 BARGE

澆水的注意事項

✓ **底盤的水要倒掉**

澆水量以流出盆底為基準,但若不處理底盤的積水,過一陣子便會產生異味和引來害蟲,影響環境衛生,所以要記得處理乾淨。

✓ **土壤完全乾燥再澆水**

新手可能難以判斷土壤乾燥的程度,建議先從觀察土壤顏色開始,若偏白色就是缺水,而且等土壤完全乾燥再澆水,可以聽見水滲進土裡的聲音。

在哪裡澆水比較好？

澆水是照顧植物的最基礎作業，並應以「等土壤完全乾燥再澆透」為原則，但要澆至水從盆底流出來，這時澆水的地方就變得很重要。如果家裡有陽台或木頭拼接地板，可以移動至那裡澆水。如果是小型盆栽，把盆栽放到水槽內開水龍頭澆水也是一種方法。請配合盆栽大小、數量和居家環境，找出適合澆水的地方吧！

小型植栽的澆水方式

可以直接在水槽內澆水，還能順便沖走土壤的老廢物質。如果水槽放不下盆栽，也可以放在吸水墊上澆水。

大型植栽的澆水方式

如果又大又重的植物種在附輪子的盆器裡，便可以方便移動。只要選擇隱藏式附輪盆器，就不會影響到居家擺設，而且想讓植株做日光浴時，也能輕鬆移動至窗邊。

044

換季時的注意事項

春季至秋季是觀葉植物的生長期，冬季則是休眠期。整年若以相同方式照顧，會造成植物的負擔，導致枯萎，因此必須配合氣候，調整澆水時間和擺放位置。人類覺得很舒適的春秋季，對植物來說也是如此，所以需要注意的是夏季與冬季。雖然許多觀葉植物比較耐熱，但也不一定忍受得了酷暑，更何況是嚴冬，因此必須做好水分和溫度管理。

夏季注意事項

處於生長期的夏季，植物會大量吸取水分，要小心植物缺水。若氣溫超過 30 度，記得將植物放在涼爽室內。尤其注意傍晚時的強曬，若植物在進入休息時受到強烈日光照射，會造成不小的負擔。

冬季注意事項

除了冷風之外，也要注意暖氣的熱風，若植物直接吹到熱風會急速枯萎。植物進入冬季休眠期，吸水速度也會大幅降低，因此需避免過多水分而造成根腐。

換盆的絕佳時間

根部會隨著植物一同生長,若持續種在同個盆器裡會過於擁擠,造成盤根。為了預防此情況,每年至少進行一次換盆作業。

對植物來說,換盆後環境驟變,會形成一種負擔,因此最好避開冬季休眠期,在氣候良好的春季進行換盆較適當。由於這時候植物處於將進入溫暖生長期,根部尚未附著土壤的狀態,此時換盆能讓植株長得更強壯。

memo

如何分辨換盆時機

根部從盆底跑出來

此為盤根的信號,表示根部已沒有生長空間。這是最容易辨別是否要換盆的方式,如果十分在意植株是否健康茁壯,就從盆底來觀察吧!

葉片沒有順利展開

只要盤根,土壤的排水性就會變差,進而導致內部悶熱,植株無法順利吸收水分和養分。若養分沒有完全流通,會發生「生長期還沒發新芽」、「葉片沒有順利展開」等問題。

046

是否也要替換新的培養土呢？

植物除了吸收水分，也會吸收土壤養分，所以若持續使用同樣的培養土，不僅缺乏養分吸收，還會造成通風不良的問題，進而形成不利於植物生長的環境。此外，舊的培養土不易吸收水分，所以土壤很快就會乾燥，易導致植物缺水，因此換盆時務必一起更換培養土。培養土的選購可以參閱 P.32。

該換多大的盆器比較好呢？

請換成比原本大1號的盆器。盆器尺寸以「號」為單位，假設目前使用4號盆，換盆時就改用5號盆。如果不知道尺寸多少，測量盆器直徑也能判斷，例如：直徑3cm是1號、直徑12cm是4號。此外，也別為求方便就直接使用大盆器，若使用過大的尺寸，澆水後土壤不易乾，會造成根腐。

畸形新芽

如果不換盆，小盆器會抑制植物生長，就算發出新芽，也會長出營養不良的畸形新芽。若是感覺新芽的形狀怪異，就可先懷疑是否有盤根問題。

下葉變黃

有在正確時間澆水，葉片卻還是變黃，那就是水分和養分沒有順利流通的證據。大多是因盤根導致水分不流通，或沒換新土而使土壤狀態變差。

肥料與除蟲藥劑

肥料分成有機肥料和無機化學肥料，觀葉植物建議使用能抑制蟲害的化學肥料。根據不同的時間點，必須使用不同的肥料，換盆時會使用「基肥」，等植物紮根後則施用「追肥」。

防治害蟲的藥劑也分成事先預防的驅蟲劑和長蟲後使用的殺蟲劑。不同藥劑對應不一樣的害蟲，使用前請記得確認商品上的標示內容。

肥料的種類

基肥

換盆時使用，一般做法是混進土壤內。內含植物紮根時所需的養分，能讓根部長得更結實。

魔肥（Magampk）中粒

500g 台幣約 260 元／
花寶 Hyponex

此為緩效性肥料，效果可維持 1 年左右。用起來十分方便也無味，即使加了太多也不會對植物有害，是新手的絕佳好幫手。

追肥

換盆後，待植物緊緊紮根後使用。初春發出新芽為最佳施肥時機，固態肥料只要放在土壤上即可，用法相當簡單。

花寶原液

450ml 台幣約 190 元／
花寶 Hyponex

植物生長必須營養素的均衡配方，是能立即見效的速效性肥料。需加水稀釋使用，約 10 天施肥一次。

花寶觀葉植物用錠劑

150g 台幣約 150 元／
花寶 Hyponex

此為放在土壤上的緩效性固態肥料，效果長達 2 個月。施肥時注意別接觸到植株底部，放在盆器邊緣即可。

何時需使用活力素呢？

氮、磷、鉀未達規定量的藥劑稱為「活力素」。這與肥料不同，不限使用的時間，可以在植物缺乏活力、入冬或換盆後等植株較疲軟的時候使用。

活力素
450ml　台幣約 190 元／花寶 Hyponex

含有膽鹼、富里酸和胺基酸等成分，能幫助植物迅速吸收養分。能立即見效，適用於植物較無活力的時候。

防治害蟲藥劑

我覺得藥劑可以按照想要的方式來噴灑這點很棒，除了有預防性的噴劑，也有在害蟲出現時可以使用的藥劑類型。而在葉子上灑水也屬於防蟲方法之一。不一定只能用藥劑，可以運用各種方式來解決害蟲。

預防

長蟲前所使用的藥劑。

住友 DX 小白藥
200g　台幣約 240 元／住友化學園藝

預防植物整體遭受害蟲入侵的農藥。我只會在想徹底預防害蟲時使用，1 年大約使用 2 次左右。

Benica X Guard 粒劑
550g　台幣約 400 元／住友化學園藝

可以在換盆時混進土壤裡，或換盆後撒在土壤上，以預防病蟲害發生。

驅除

長蟲後所使用的藥劑。

Benica X Next 殺菌劑
1,000ml　台幣約 380 元／住友化學園藝

內含多種殺蟲和殺菌成分，害怕蟲害的人最好常備著會比較放心。

MY PLANTS 殺蟲噴霧
250ml　台幣約 190 元／住友化學園藝

葉片和莖幹上長蟲時，可以使用這款噴霧。簡約風格的瓶身設計也可融入居家擺設。

清潔和剪枝的方法

清潔

葉片上囤積粉塵,不僅外觀不佳,也會阻礙光合作用的進行,所以趁澆水時清潔吧!

夏

澆水時順便沖洗葉片

家裡如果有陽臺,澆水時順便幫葉片沖洗,或在水槽或浴室也可以。建議在早上清潔。

冬

用棉布擦拭葉片

澆水頻率較低的冬天,可以用棉布擦拭葉片,而且擦拭葉背還能預防蟎蟲。此外,過高的植物若不好沖洗,就能以擦拭來清潔。

使用葉片專用噴霧清理

想讓清潔葉片的工作事半功倍,或是想幫大葉片的植物清潔時,可以使用葉片清潔劑。不僅能讓葉片充滿活力、散發自然光澤,無味噴霧劑也不會產生黏膩感。

推薦

MY PLANTS
葉片清潔噴霧
220ml　台幣約 200 元/
住友化學園藝

1 若囤積灰塵,葉片會如圖片般白灰,導致無法呼吸。

2 在葉片上使用清潔劑時,可用棉布或紙巾擦拭,以免藥劑滴落。

3 不只可以除塵,還能讓葉片增添光澤。

050

剪枝 若放任植物自由生長，有可能會使葉片生長不佳，也容易孳生病蟲害，建議適時地修剪植株。

徒長的姬龜背芋

1 如姬龜背芋這種半匍匐性植物，特徵是枝條容易雜亂，因此需要把徒長部分剪掉。

2 若要將剪下的部分做水耕，需要在莖上保留節點（莖上會發芽的部位）。

3 決定好要剪枝的莖後，如圖片從根部處剪斷。

4 光是剪去一根徒長的莖，看起來就清爽多了，而且這樣對植株發育也比較好喔！

葉片茂密的細葉榕

1 細葉榕的葉片生長茂盛，若過度密集則會使底下的葉片難以行光合作用，因此必須剪枝。

2 明顯徒長的枝節，從根部處剪掉。

3 細葉榕會不斷冒出新芽，所以如果覺得剪掉太多也沒關係。建議在春天進行剪枝。

推薦

園藝剪刀
台幣約700元／DULTON
擁有大握柄、黃銅材質的剪刀，相當方便使用。

每天幫植物做健康檢查

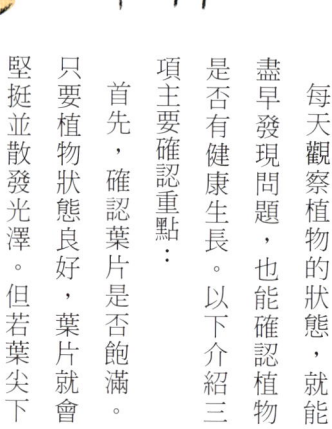

每天觀察植物的狀態,就能盡早發現問題,也能確認植物是否有健康生長。以下介紹三項主要確認重點:

首先,確認葉片是否飽滿。只要植物狀態良好,葉片就會堅挺並散發光澤。但若葉尖下垂、縮成圓形,則可能是缺水的信號,應立即幫植物澆水。

再來,觀察葉片是否變色。

植物若有不適,會透過葉片顏色來表達。變色原因有很多,只要發現葉片變色,就要馬上對症下藥。

最後,確認有沒有害蟲。尤其是葉背、新芽和重疊的葉片,特別容易受害蟲潛入。只要害蟲一繁殖就會難以處理,因此一旦發現蟲子,就要立即驅除並徹底根治。

chapter
04

Q&A 植物的疑難雜症

「植物為什麼很沒精神?」
「葉片枯黃了該怎麼辦?」
種植時會遇到的常見問題,
本章節將告訴你有效的解決方法。

Q 葉片變黃了怎麼辦？

找出變色原因 對症下藥

葉片變黃即是葉片枯萎，但別急著放棄！葉片會變黃的原因，可能是日照過度、水分不足或是澆水過多等，只要解決這些問題，植物就有機會復活。不過，也有可能是為了更替新葉而進行的新陳代謝，因此先別急，慢慢找出葉片變黃的原因吧！如果植物因虛弱而變色，可以把變色部分剪掉。

葉片變色也許是植物發出的求救訊號。

導致葉片變色的8大原因

搞錯澆水時間

此為葉片變色最大的主因。表示澆水的時間和量可能不適合這種植物。澆水不僅要配合季節和環境，也需瞭解植物特性。

盤根

若沒有進行換盆，可能會導致盤根，使葉片無法獲得足夠的養分。當看到根部從盆底跑出來時，盤根的可能性很高。

日照條件不佳

日照不足時，葉片會從內側開始變黃；日照過度時，則會從葉片外側變色而形成葉燒。可以從葉片的變色部位來判斷原因。

肥料分量不對

若沒控制好肥料分量，也會使葉片變色。在休眠期的冬季施肥，則會造成肥傷，破壞根的機能，因此要遵守施肥時間和分量。

植物怕冷

觀葉植物大多生長在溫暖地區，當遇到不習慣的溫度時，葉片會變黃。不過若在較冷的環境中培養數年，有些植物可能會有相應的耐寒能力。

環境變化

買苗後、換盆後、季節變換（尤其是秋轉冬），或是改變擺放位置等等，植物會感受到環境變化而造成負擔。

悶熱

大多發生在梅雨季和土壤不易乾的冬季。悶熱不僅會使葉片變色，植株也會發黑，還會孳生病蟲害，所以請把植物放在通風良好的地方。

葉片壽命

當長出新葉時，舊葉便會隨之掉落。有時會因植物新陳代謝而使舊葉變黃，此時便不用擔心。

Q 植物變虛弱怎麼辦？

不要放棄尋找
讓植物恢復的方法

「萬一出差或返鄉時家裡沒人，植物會不會枯死⋯⋯」植物不只需要水和陽光，通風也很重要，所以植物枯死的原因不一定是缺水！而且到了冬天若遇到寒流，也有可能會導致植物凍傷。只要從外觀來判斷，找出植物變虛弱的原因，便能讓植物順利恢復健康。如果是吸水力很快的植物，就比平常澆更多的水；若是過冷而使葉片變色，就把變色部分剪掉。請不要放棄，找出原因來解決問題吧！

外出前先做好準備

如果要外出多天，就先把植物澆透吧！如果經常不在家，建議使用自動澆水器會比較安心。不只要注意澆水，也要留意植物的擺放位置，請將盆栽移至避免陽光直射、溫差不會太大的地方。

植物虛弱時的緊急處理

緊急處理

腰水

把盆栽（底部有孔的盆器）直接放入裝有水的水桶內，此種從底部直接給水的方法稱為「腰水」。因缺水而變虛弱的植物可以試試這種方法，浸水的時間以一個晚上為基準。

葉片灑水

即便根部沒問題，葉片也可能過於乾燥而導致植株枯萎。尤其在冬季室內，濕度會下降而變得乾燥，此時就要在葉片灑水保持濕潤，而且還能順便沖洗灰塵，促進光合作用。

活力素

活力素與肥料不同，一整年都能使用。它能讓虛弱的植物瞬間變得活力十足。我使用的是可以加水稀釋的「花寶活力液」（參閱 P.49）。

Q 不知道什麼時候該澆水？

當土壤乾燥時，就澆透植物吧！

澆水是最先學會的植物照顧基礎，但也是最難的一件事⋯⋯植物會枯萎的主要原因，都是因為澆水過多而導致根腐。基本上只要土壤乾了，就把植物澆透是一大原則，若在土壤還沒乾就澆水，悶熱便會造成根腐。另一項重點就是澆水的量，要澆至從盆底流出水為止，如此也能沖洗土壤的老廢物質，使根部易於呼吸。接下來將介紹確認土壤是否乾燥的方法。

土壤狀態的確認方法

插入竹籤檢查

想知道土壤是否乾燥，可以把竹籤插入土壤測試，只要竹籤沒有沾上土壤便是完全乾燥的證據。請務必插入離根部較遠一點的地方，以避免誤傷植物。

以土壤重量判斷

土壤具有濕了會變重、乾了會變輕的特性，所以可以先記住澆透後的盆栽重量，如果拿起來變得很輕就是土壤乾燥的證據。

利用土壤濕度計測量

不想憑感覺估測，想實際確認土壤是否乾燥的人，建議使用土壤濕度計（參閱P.120）。只要把濕度計插入土壤即可，顯示藍色是水量充足，白色則是缺水。

觀察葉片外觀

種植老手可以從葉片外觀分辨澆水時機。若植物水分不足，葉緣便會開始蜷曲或是往下垂。

Q 植物長蟲怎麼辦？

將肉眼所見的蟲子清除後，再用藥劑徹底驅蟲。

觀葉植物會孳生蛾蚋、蟎蟲、介殼蟲等，想要享受綠意生活，就是無法避免蟲子的存在。不過，我們仍可將土壤或肥料換成無機種類、勤於檢查底盤是否積水、每天對葉片噴灑水分，只要細心照料便能抑止蟲害。當發現植物長蟲時，先清除以肉眼看得到的蟲子，再把藏匿的害蟲徹底驅除。不過有些葉片茂密的植株，或潛入土裡的蟲子難以用肉眼看見，則可以借助藥劑驅蟲。

先以目視清除

發現蟲子後要立即清除。因為崇尚自然的綠意生活，所以這時我不會噴灑殺蟲劑。

》

驅逐潛在害蟲

葉片茂密的植株，光用眼睛看很難找出害蟲，此時就會噴灑殺蟲劑。殺蟲劑的種類可以參閱 P.49。

060

Q 植物總是沒精神怎麼辦？

剪掉徒長的部分，並放在日照充足的地方。

觀葉植物的莖部長得細長又癱軟、節點的間隔過長，這就叫作徒長。一旦植物徒長，不僅外觀長得不協調，也會變成病態又虛弱的植株。因為渴望陽光，所以莖部才會長得細長，也因為日照不足無法充分進行光合作用，沒有辦法吸收充足養分。所以如果植物徒長了，請先把植栽移至更明亮、更能吸收到能量的地方，也很建議一併使用植物燈照明。此外，在適當時間點施肥也會很有效果。

莖會朝著陽光方向而長得細長，請剪掉徒長部分。

Q 植物的生長方向失衡怎麼辦？

可以設立支柱支撐植物

有如龜背芋這類半匍匐性植物，若沒有設立支柱支撐生長方向，葉片和莖部的重量就會使整體植株失去平衡而倒下。我經常使用叫作「椰纖棒」的支柱，或是也可以配合盆栽設計，準備自己喜歡的支柱。

【準備用具】

盆栽　　支柱

麻繩　　園藝墊

062

【設立支柱的方法】

1 找出植物的氣根（冒出土壤的根）。

2 在冒出氣根的地方，以不傷到根部的方式，小心地插入支柱。

3 支柱插到底後，把較粗的莖拉近支柱。

4 從支柱開始纏繞麻繩，並在莖和支柱之間交叉麻繩。

5 把麻繩纏繞在莖上（繞8字）。考量到莖會變粗，可以繞鬆一點。

6 再把麻繩在莖和支柱之間交叉。

7 將麻繩在支柱邊打結。

完成 立好支柱後，不僅外觀賞心悅目，植物也容易進行光合作用和發現病蟲害。

我推薦能配合植物生長來增加長度的椰纖棒，使用這個就不用再立新支柱。

Q 從莖節長出來的根，該怎麼處理？

可以修剪氣根，也可以透過水插來繁殖！

龜背芋會從莖節長出葉片和氣根。「氣根」是指生長在植物上半部分，具有保濕和支撐功能的根，植物長出氣根通常表示植物非常健康。當發現植物長出氣根時，可以設立支柱（參考 P.62），也可以將植物的部分莖節剪下，然後進行水培、枝插，以繁殖新的植株。從單一植株不斷地進行分株也是綠意生活的樂趣之一。如果想要從莖節部分進行切除或繁殖，最好在植物的生長期，即春季轉夏季時進行。在此時期進行分株可以提高植物的發根率。

黃金葛能透過水培來繁殖。看得到根部生長，更能增添對植物的喜愛。

Q 葉片斑紋消失了怎麼辦？

想要維持植物的斑紋難度較高！

龜背芋、常春藤、黃金葛、薜荔皆是有斑紋的品種，外觀看起來漂亮且受歡迎，但要維持斑紋和顏色卻有些難度。它們會因為冬季日照不足、夏季日照過度、葉綠素增加等原因產生突變。如果斑紋有變化，但植物仍是健康，就可以不用過度在意，把斑紋變化也當作是種植的樂趣吧！

有大理石紋、葉緣變白的斑紋，還有一半葉片變白的斑紋等多樣種類。

Q 土壤發霉了怎麼辦？

一起來重新檢視生長環境吧！

空氣中會飄浮著黴菌，若植物的生長空間是黴菌喜歡的環境，土壤便會發霉。日照不佳、濕度過高、通風不良、澆水過度都是造成發霉的主要原因。如果土壤只是表面發霉，把發霉部分清除並補上新土即可。如果連土壤內部都發霉的話，建議最好直接換盆。這時建議選用排水性佳的土壤和無機肥料，等到換土和換盆完畢後，也需重新檢視植物的生長環境。

黴菌最愛潮濕的環境，所以請將植物放在日照充足且通風良好的位置。

Q 可以同時種很多植物嗎？

建議初期先種植一種植物就好！

觀葉植物依不同品種，各有不同特性，像是有些很耐寒，有些遇冷就變虛弱。雖然同樣身為觀葉植物，但仍要按照不同特性來照顧，所以新手若一開始就要同時種植好幾種植物，我想會很有難度，建議先學會基礎的植物照料技巧後，再逐漸增加植物種類。如果真的很想要同時種植，最好能挑選類似性質並放在同個位置，這樣才能同時照顧。

Q 觀葉植物可以存活幾年呢？

注意溫度管理，便能長期享受植物生活！

大多數觀葉植物都是源自於熱帶或亞熱帶地區的常綠植物，沒有一定的壽命。然而，跟一整年都有溫暖氣候的原產地不同，日本和台灣的四季分明，尤其是冬天會變得特別寒冷，需要做好溫度管理。只要注意溫度、水、通風，植物便能成為與你共度一生的夥伴。

如果擔心植栽長得過大、家裡沒地方擺放，那麼建議在一開始就選購不會長太大的植物。

Q 換盆時可以準備較大的盆器嗎？

不需要準備過大的盆器，尺寸只要大一號就好！

如果一直用相同盆器種植會造成盤根，所以觀葉植物每年至少要進行一次換盆（有些植物是2～3年一次）。此時換盆重點就是盆器需要「比原本的大1號」。如果嫌麻煩替換成更大的盆器，會讓土壤不易乾而導致根腐。為求方便而用過大的盆器，會讓植物背負死亡的風險，所以最好儘量避免。

Q 不同種類的觀葉植物可以混植嗎？

不同性質的植物還是分開來種植喔！

有些人會把觀葉植物當作多肉植物一樣混種，但其實我不太建議。如同 P.67 的說明，植物有不同的性質，因此適合的環境不一樣。如果將喜好陽光的植物和會引起葉燒的植物放在同一盆裡，有可能會使其中一株枯死。另外，觀葉植物根部的生長速度比多肉植物還快，即便是類似性質的植株，彼此根部也會互相干涉而導致發育不良。

為了使植物能健康成長，建議一盆只種植一個種類就好。

chapter
05

享受居家的綠意裝飾生活

學會種植的基礎技巧後，
一起找出更有個人風格的綠意生活吧！
本章將介紹各式各樣的植物裝飾與佈置方法。

idea 01
用吊籃懸吊植物

若要在有限空間裡裝飾觀葉植物，非常推薦使用吊籃。只要利用S型掛勾，掛在窗戶軌道上，就能使空間更表現出時尚感。

可以選用會由上往下生長的匍匐性（或半匍匐性）植物，再用吊籃或編繩懸吊起來。若使用較重或易碎的盆器，一旦掉落會十分危險，所以請改用塑膠材質的盆器會比較安全。

適合用吊籃的植物

姬龜背芋　　常春藤　　Sugar Vine　　薜荔

HOW TO

只需裝進吊網內

只需在窗戶軌道等處掛上 S 型掛勾，並將盆栽放進吊網內後懸掛上去即可，對植栽新手來說也相當簡單。

可搭配繩結編織或玻璃製品

繩結編織（Macrame）是一種用雙手重複打各種結的變化，就可完成的編織手法，大多使用棉繩編織而成，自然的風格深具魅力。其他還有另加上玻璃製品的各式各樣裝飾，可以搭配家中佈置氣氛來選購。

推薦種植空氣鳳梨

不需要土壤就能養活的空氣鳳梨，可直接放進編織掛繩內。許多空氣鳳梨的重量都很輕，懸吊不用怕掉落，而且還能 360 度欣賞植物。

idea 02
分株增加植物數量

用心栽培的植物，想要再種大一點或分成兩株都可以。利用分株增加植物數量，是種植的樂趣之一。不過需要注意並非所有植物都能分株，可以分株的植物包括白鶴芋、椒草、黃金葛和肖竹芋等。分株時需要的工具與換盆時大致一樣，建議在植物的生長期（即春季至初夏）進行分株。

【準備用具】

| 培養土 |  植株 |  盆器 |  園藝墊 | 基肥 |  鏟土杯 |

| 輕石 |  盆底網 |  剪刀 |  澆水器 | 工作手套 |  鑷子 |  覆土材料 |

【分株方法】準備 2 個換盆用盆器，進行以下操作。

1. 將盆底網剪得比盆底的洞還要大，並放在盆底。

2. 倒入約 3cm 高的輕石，把盆底網遮住。

3. 接著倒入約 3cm 高的培養土。

4. 放入 2 小撮粒狀基肥（參閱 P.33）。

5. 握住植株，小心地從盆器拔出。
※注意別傷到根部。

6. 慢慢地鬆土、鬆根，並把植株分成兩半。
※土壤乾燥時較易鬆土。

7. 根部不易鬆脫，可用剪刀剪成兩半，也順便摘除枯死的部分。

8. 把分好的植株放在盆器正中央，扶好並把土壤倒入盆內。

9. 用鑷子插入土壤，讓土壤可流進縫隙內。

10. 放好土壤後澆水，要澆得比平常還要多一點。

11. 擺上喜歡的化妝砂等覆土材料，以能蓋過土壤為基準。

也很推薦這個！ 一邊用手撥鬆，一邊放上「椰纖土」。

idea 03
水耕栽培法

在意土壤氣味的人,可以使用水耕栽培。只需要將剪下來的莖部插入水中,便能增加植株。此外,使用透明的容器栽種,可以觀察莖部和根部的生長,相當有趣,其清爽的外觀也能增添不同的居家氛圍。

【準備用具】

植株

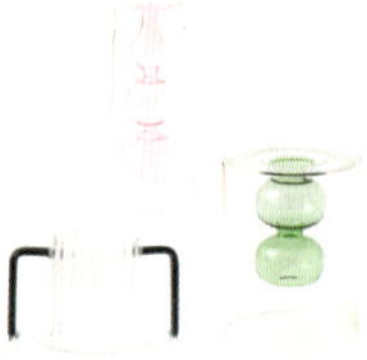

玻璃瓶

剪刀

076

【水耕栽培的方法】

1. 剪下想要的植株長度，注意別剪到生長節點。

2. 至少要留下 2～3 個節點，以確保生長。

3. 避免搞混植物的生長方向，把剪好的植物排列整齊。

（圖中標示：生長方向朝上／莖的底部朝下）

4. 一支枝插儘量只留一枚葉片，其餘的剪除。請從下方的葉片依序剪定。

5. 若葉片過大，可以對半剪開，以防過度蒸散。

6. 將多餘的莖剪除。

7. 容器裝滿水，把植株插入，讓莖節確實浸泡在水中。

注意

水耕栽培的水，需要每天更換。

idea 04 無土栽培法

「不知道何時該澆水」和「十分害怕蟲子」的人，嘗試看看無土栽培法吧！使用玻璃容器培育植物，可以確認根莖部的狀況和水量，利用水耕栽培發根的枝插，失敗率也比較低。適合無土栽培的植物是龜背芋和黃金葛，其生長速度比使用土壤種植來得緩慢，適合給想細膩感受栽種樂趣的人。

【準備用具】

枝插 　　玻璃瓶 　　鑷子

鏟土杯 　　根腐防止劑 　　發泡煉石

發泡煉石（小粒）

2L　台幣約 240 元／柴田園藝刀具

無土栽培所使用的人工土。

078

【無土栽培的方法】

1. 此次使用水耕栽培 4-5 個月發根後的枝插。

2. 將根腐防止劑倒入玻璃瓶約 0.1cm 高,主要是用來吸收雜質。

3. 再放入約 1cm 高的發泡煉石,打造基底。

4. 接著把枝插放在容器正中央,讓根部能自由地生長。

5. 一邊扶住枝插,一邊把發泡煉石倒進容器。

6. 把鑷子插入瓶內,讓發泡煉石能流進縫隙內。

7. 繼續倒入發泡煉石,並於容器頂部留下數公分空間。

8. 把水注滿容器的 1/3。每週換一次水,夏季則是每天替換。

注意

發泡煉石每月要清洗一次。根腐防止劑每半年至一年要換一次。

column

我的植物生活，持續更新中！

因為有著「想讓更多人以輕鬆方法來享受綠意生活」的想法，我才會在 YouTube 上傳培育觀葉植物的影片。最重要也最難的澆水重點、換盆方法、新手會遇到的難題等，都以簡單卻清楚的影片來解說，因此如果有不明白的地方，各位可以前往我的頻道觀看影片，我將會持續更新種植的小撇步。

推薦給種植新手的
3大影片

❶ 細葉榕的種法
非常好種的細葉榕擁有獨特樹形，這部影片從澆水重點到每年春天固定要做的剪枝方法都有詳細介紹。

❷ 龜背芋的種法
這是我最喜歡的觀葉植物。我上傳了許多龜背芋的影片，建議可以先看這部。

❸ 發財樹的種法
生命力很強的發財樹不僅耐寒又不怕病蟲害，這部影片將介紹讓發財樹成長茁壯需注意的要點。

chapter 06

選擇最適合自己的觀葉植物

本章將介紹 36 種植物的特性，
在選購植物前，
從植物外觀、居家環境、種植難易度等條件中，
找出喜歡的植物吧！

植物圖鑑的使用方式

植物特性以圖示說明

挑選植物時需知道的 5 大項目，
並以 3 階段作評比。
依自身生活型態挑選想種的植物吧！

每個人選擇植物的標準各不相同。在此為各位介紹 36 款好種又好看的植物。

難易度	適合新手 ———— 適合老手
喜水度	少量水分 ———— 大量水分
耐陰性	耐陰 ———— 明亮陰涼處
耐寒性	不耐寒 ———— 耐寒
長蟲指數	不易長蟲 ———— 容易長蟲

※尺寸為拍攝照片中使用的盆器號數大小。

本書植物的分類

本書所介紹的植物大致分為 8 大類，以下說明各類的特徵。

多肉植物、鹿角蕨

多肉植物是葉、莖、根會儲存水分的植物總稱，而鹿角蕨是最近最受歡迎的蕨類，會附在樹幹上生長。在日本經常將鹿角蕨貼在木板上或是做成苔玉。這兩個種類的愛好者很多。

龜背芋

其重點特色是好種、有裂葉以及充滿南洋風的視覺外觀，因此深受大眾歡迎。本章介紹了 4 種龜背芋，從葉形和尺寸來選擇喜歡的龜背芋吧！

適合新手

此類別是推薦給第一次種植的新手。我挑選了一些較強韌、不太會枯死的植物。除了此類別之外，其他類別也有介紹，請從難易度中挑選標示「適合新手」的植物。

蔓性植物

可置於棚架垂掛下來，或是用吊籃懸吊都能營造美好的氛圍。在盆栽裡立支柱還能讓植物自由攀爬，培育出喜歡的形狀。蔓性植物的葉形大多很有特色，可試著從中找出喜歡的種類。

彩葉植物

觀葉植物也有鮮豔色彩的葉片，包括紅、黃、紫、白等各種顏色。彩葉植物放在室內，可享受植物帶來的不同氣氛，想增添居家色彩的人請務必嘗試種植。

主樹

這裡是指用來象徵家的樹木（Symbol Tree），在客廳放一棵，便能營造特有的氛圍。若挑選小株的植物放在桌上裝飾，也能改變氣氛。先想好要放在哪個空間，再來挑選主樹也頗有一番樂趣。

空氣鳳梨

不必使用土壤的空氣鳳梨，可以任意地擺放在層架、碗盤架、吊籃等位置。不過，空氣鳳梨並非只靠空氣中的水分就能活，記得要定時灑水或泡水。

樹木

即使長大也只有 2-3 公尺的樹木，稱之為灌木。本章將介紹 3 種可在室內栽種的樹木，有的枝幹挺立、有的莖葉纖細，在家擺上一盆，肯定能享受到不同氣氛。

龜背芋

小龜背芋

心形葉片備受矚目，
在觀葉植物中特別受歡迎！

在居家種植最受歡迎的龜背芋種類裡，其中最為普遍的就是小龜背芋。葉片呈心形，主要特徵是不對稱的裂葉，且能長大至約1公尺，可當作主樹來栽種。小龜背芋是耐寒、耐旱、耐陰的好種植物，但它也很喜歡陽光，所以建議放在掛有蕾絲窗簾的明亮窗邊。

Point
》能以枝插或水耕栽培來培育。
》長大到一定程度要設立支柱。

難易度

喜水度

耐陰性

耐寒性

長蟲指數

尺寸
6號

龜背芋

姬龜背芋

尺寸小巧可愛，
適合想種植又不想占空間的人。

從名字中有「姬」字可得知，與普通龜背芋相比不會長得太大，所以可放在層架上照顧。從幼苗時期就有裂葉是姬龜背芋的魅力，雖然與龜背芋不同屬，但種植方法和特徵可參考龜背芋。姬龜背芋生長茂密，所以要定期剪枝，也具有匍匐性，可以用吊籃懸掛。

Point
》從幼苗時期就有裂葉。
》日照不足會使葉片長得比較小。

難易度
喜水度
耐陰性
耐寒性
長蟲指數
尺寸
6號

龜背芋

多孔龜背芋

葉片有好幾道如窗戶般的洞，十分獨特。

葉片的外觀十分獨特，感受得到大自然創造的美感！

大面積的葉片上開了好幾道宛如窗戶般的洞，因此被取名為多孔龜背芋。葉片有洞的原因，有一說是為了保護葉片不受到熱帶雨林的強風侵襲，另一說則是為了讓下方的葉片較易行光合作用。雖然與龜背芋同是天南星科，葉形也很相似，但多孔龜背芋的葉片卻不會有缺口。由於葉片較薄且保水性稍弱，因此除了定期澆水，還要經常幫葉片噴灑水分。

Point
》從新芽時期葉片便會開洞。
》長大到一定程度要設立支柱。

難易度 🌿🌿
喜水度 💧💧💧
耐陰性 ☀☀
耐寒性 🍃🍃
長蟲指數 🦋🦋
尺寸 4號

086

龜背芋

斑葉龜背芋

稀有的斑葉很受歡迎，但也要費時費力勤加照顧！

部分葉片色素變淡，呈現出白色或黃色的斑紋，種類十分稀有，相當受歡迎。斑葉龜背芋分泰斑（淡綠色）、黃斑及白斑三大類型，其中又以黃斑更為罕見。這些顏色會因突然異變而出現，也會因日照不足等原因消失，所以有斑紋的植物較適合有經驗者照顧。一旦斑紋消失，就不會再出現，因此需定期觀察。

Point
》日照不佳會使斑紋消失。
》維持適度的光線很重要。

難易度
喜水度
耐陰性
耐寒性
長蟲指數

尺寸
6號

蔓性植物

黃金葛

最適合當作首次種植的植物，能體會到綠意生活的喜悅！

能以合理價格入手又好種的種類，非黃金葛莫屬。它可說是觀葉植物中最基本的種類。雖然喜歡陽光，但也很耐陰，即使僅照日光燈也能長大。不過，要維持葉片顏色還是需要陽光，所以偶爾還是要做一下日光浴。葉尖變鈍是缺水的信號，記得要在葉片上灑水。此外，黃金葛能水耕栽培，分株繁殖也很有趣喔！

Point
》在陽光照不到的地方也能生長。
》適合用來分株繁殖。

難易度
喜水度
耐陰性
耐寒性
長蟲指數
尺寸
5號

088

蔓性植物

常春藤

星形的葉片十分可愛。

觀葉植物中首屈一指的生命力，任何位置都可以擺放！

與黃金葛相比有較細長的外觀，葉片上可能會有斑紋或大理石紋，且每片葉子的模樣各有差異。常春藤的特徵不僅是會長出強壯的藤蔓，還有甚至可以度過戶外冬季的耐寒力。其生命力強韌到可以覆蓋整個外牆，也很耐陰，以水耕栽培放在廚房或洗手檯等處也不是問題。

- 難易度
- 喜水度
- 耐陰性
- 耐寒性
- 長蟲指數
- 尺寸 3號

Point
》耐寒又耐熱的最強品種。
》生長速度快，需注意盤根。

089

蔓性植物

Sugar Vine

葉片垂掛下來的樣子生動可愛，帶有明亮的自然氣息！

屬於葡萄科的植物，葉片和葡萄葉相似。據說是因為樹液有甜味，才會取名為Sugar Vine。柔和的外表惹人憐愛，莖部也很柔軟，也很建議擺放在較高的層架上，讓莖枝自然垂下生長。由於不耐寒，若要種在戶外，入秋後記得拿進室內照顧。選苗時，也要選擇葉片生長茂盛的幼苗。

一串串小葉片垂掛下來的小巧外觀。

Point
》相當適合自然風格的室內擺設。
》可以讓部分的莖自然垂下生長。

難易度
喜水度
耐陰性
耐寒性
長蟲指數
尺寸
3號

蔓性植物

星點藤

擁有如星點般的銀斑，
需要確實做好防寒對策！

厚實的葉片上布滿銀白色斑紋的美麗植物，有如星空一般。若放在日照充足處，1年內會一口氣生長20～30公分。星點藤不耐寒，所以冬天最好儘量避免放在窗邊。其根部的吸水力很強，土壤會比其他植物還要快乾，需要定期澆水。不過莖和葉具有保水性，所以耐旱也是其特徵。

難易度
喜水度
耐陰性
耐寒性
長蟲指數
尺寸
3號

Point
》生長期的土壤，乾燥速度更快。
》可利用水耕栽培或枝插增加植株。

091

蔓性植物

薜荔

剪下藤蔓，也可以無土栽培。

原產自亞洲的植物，適合生長於溫暖潮濕地區。

由於是印度榕的品種之一，觸摸到樹液可能會過敏，家裡有小朋友的家庭，請將薜荔懸吊在伸手觸碰不到的高處。薜荔的藤蔓很堅固，利用鐵絲加工，可以把藤蔓變成圓形或心形的造型。薜荔不耐旱，整年都要在葉上灑水。因為葉片生長密集，需注意容易有蟲子潛伏其中。

Point
≫ 觸摸到樹液可能會刺激皮膚。
≫ 需做好葉片保濕和病蟲害對策。

難易度
喜水度
耐陰性
耐寒性
長蟲指數
尺寸
3號

主樹

琴葉榕

擁有強壯又堅韌的生命力，花語是「永久的幸福」！

在八百種榕屬的品種之中，琴葉榕具有光澤的波浪葉片是其特徵。它對環境變化有些許敏感，有時會導致葉片掉落，但不表示已經枯萎，要是有發出新芽就沒問題。琴葉榕的葉片較大且密集生長，容易有害蟲潛伏。由於病蟲害可能會造成嚴重影響，所以務必做好防蟲對策。

Point
》葉片密集生長，所以容易長蟲。
》可適時地使用殺蟲藥劑。

難易度
喜水度
耐陰性
耐寒性
長蟲指數
尺寸
6號

主樹

愛心榕

大型的心形葉片十分吸睛，放置在明亮溫暖處培育！

跟琴葉榕（參閱P93）相比，葉片較薄，保水力偏弱，因此要適時地在葉上灑水。由於具有向光性，偶爾要轉換盆栽方向才能維持樹形。雖然愛心榕和其他榕屬一樣耐熱，但同時也不太耐寒，若最低氣溫低於10度，可能會使葉片掉落，但待春天來臨發出新芽又會開始生長。就算冬季不怎麼有活力，只要耐心等待春天到來即可。

Point
》即使葉片掉落，春天來臨時又會長出新芽。
》適時改變盆栽方向，讓植栽整體均勻受光。

難易度
喜水度
耐陰性
耐寒性
長蟲指數
尺寸
6號

主樹

小豆樹

白天會張開葉片行光合作用（上），夜晚為了防止蒸散會收起葉片（下）。

會開出可愛的花朵，象徵夫妻圓滿的植物。

原產地在玻利維亞和巴西，纖細的枝幹會筆直往上生長，在當地據說會成長至30公尺左右。小豆樹的明顯特徵是會在晚上進行「睡眠運動」。由於葉片纖細，務必整年都要在葉上灑水。在春季至秋季的生長期，等土壤乾燥後要徹底澆透，否則水分不足會使葉片掉落。小豆樹十分耐寒，於冬季時記得要控水照顧。

Point
》葉片容易掉落，但恢復力也很快。
》新芽是黑色的，注意別誤摘喔！

難易度
喜水度
耐陰性
耐寒性
長蟲指數
尺寸
6號

主樹

袖珍椰子

可種在室內的椰子樹，讓環境充滿東南亞的氣息！

這是小型椰子樹，最高只會長到2～3公尺。一聽到椰子樹，多數人會認為要種在烈日的戶外，但其實袖珍椰子很怕陽光直射。它具耐陰性，即便在有點陰暗的室內也能健康成長，不過仍需注意，若日照不足會使葉色變淡，也要注意室內不要太乾燥。袖珍椰子耐熱又不易長蟲，夏季放在戶外也能成長，很適合新手栽種。

Point
》記得幫葉片做好保濕。
》枯萎的下葉要摘除。

難易度
喜水度
耐陰性
耐寒性
長蟲指數
尺寸
4號

096

主樹

萬年青

纖細形狀的葉片深具魅力，因「幸運樹」的別名而受歡迎！

萬年青的品種很多，葉片形狀和大小也很多樣。由於萬年青有儲水的習性，十分耐旱，待土壤完全乾燥後，1～2天再澆水即可，但也要特別注意容易根腐。萬年青耐熱但比較不耐寒，務必要做好防寒對策。即使下葉枯萎了，但大多都是植物的新陳代謝現象，只要有發新芽就沒問題。

Point
》小心別讓葉片積灰。
》十分耐旱，少量澆水也 OK！

難易度
喜水度
耐陰性
耐寒性
長蟲指數

尺寸
3號

主樹

珊瑚朱蕉

葉片的配色和模樣很吸睛，具有凝聚空間感的外觀。

朱蕉的品種十分豐富，根據不同品種，也有不一樣的配色。雖然外觀跟萬年青（參閱 P.97）相像，但卻是不同種類。兩者可以從葉柄和莖來分辨，朱蕉有明顯的葉柄，並在莖上形成根莖。珊瑚朱蕉不耐寒、不耐陰，所以需放在照得到陽光的地方，而且日照不足會使葉色不好看。它很耐熱，夏天可放在戶外照顧。

Point
》依品種不同而有不一樣的葉色與花紋。
》放置在避免陽光直射的明亮處。

難易度
喜水度
耐陰性
耐寒性
長蟲指數

尺寸
9 號

主樹

鵝掌柴

非常耐寒，在陰涼處也能茁壯，最適合當作首次種植的植物！

鵝掌柴耐寒、耐陰又耐旱，是特別適合新手種植的種類。葉片有如開花般往外擴散生長是其特徵。它可以耐寒至0度，對於環境變化的適應力強，放在玄關等冷熱溫差大的地方也不易受損。即使在進入休眠期的冬季，放在室內的溫暖處也能生長，只要在缺水時適度澆水即可。

難易度

喜水度

耐陰性

耐寒性

長蟲指數

尺寸
4號

Point
》不易種植失敗的種類。
》根據植物整體外觀進行適當地修剪。

樹木

發財樹

生命力強又有招財象徵，
是深受大家喜愛的植物！

發財樹在中南美洲的原產地，是會生長至20公尺的常綠喬木，一整年都會張開水潤的葉片。雖然耐陰，但日照不足會使葉色變差，甚至無法發出新芽，所以要趁烈日不強的中午前，把植物拿去做日光浴。其樹幹呈現海綿狀的纖維，保水性強，所以很耐旱。發財樹發新芽的速度很快，土壤吸收養分的速度也快，需要定期施肥。

Point
》新芽會不斷冒出，生長速度快。
》由於保水力強，澆水時切勿過量。

難易度
喜水度
耐陰性
耐寒性
長蟲指數
尺寸
4號

樹木

細葉榕

因為獨特的外形，
成為超人氣的居家植物之一！

雖然市面上多以細葉榕的名稱流通，但由於是榕屬的品種之一，正式名稱應為「正榕」。在日本生長於沖繩，以「寄生精靈的樹」之稱受到人們喜愛。最具魅力的地方在於外觀，其豐富飽滿的氣根，每一株都是獨一無二的。氣根會伸展，從各處吸收養分。由於細葉榕喜好陽光，於生長期放在室外會迅速成長。

難易度
喜水度
耐陰性
耐寒性
長蟲指數

尺寸
3號

Point
》每棵細葉榕的氣根都是獨一無二的。
》建議放在日照充足的地方。

樹木

紐西蘭刺槐

長出一顆顆小圓葉的模樣，十分可愛。

如閃電般生長的細枝和小圓葉片，具有強烈的獨特外觀。

此為數年前就人氣居高不下的觀葉植物，看似快要折斷的纖細枝幹，以及小小的圓葉是其魅力。雖然喜好陽光，但葉片十分纖細，陽光直射容易落葉，而且葉片太乾燥又會脆化，所以必須在葉片灑水以保持濕潤。此外，它不耐悶熱，萬一根腐會帶來極大的損傷，也不太能適應環境變化，因此必須讓它慢慢熟悉自家環境。

Point
》枝葉雖然精緻，但也很脆弱。
》葉片掉落一定要找出原因並處理。

難易度
喜水度
耐陰性
耐寒性
長蟲指數
尺寸
3號

102

多肉、鹿角蕨

荷蘭鹿角蕨

葉片長得像蝙蝠翅膀，外觀特殊的蕨類植物。

因為葉片像極了蝙蝠翅膀，也被稱為「蝙蝠蘭」。它的葉片如倒立一般往外擴張，中心有能蓄水的儲水葉以及製造胞子的胞子葉。儲水葉老化後會變成褐色，但並不是枯萎，所以不用過度擔心。耐熱卻不耐寒是其特徵，澆水記得要澆透。偶爾可在水桶裡裝滿水，利用腰水做法讓植株充分吸收水分。

難易度

喜水度

耐陰性

耐寒性

長蟲指數

尺寸
5號

Point
》植株不耐寒，冬季務必做好溫度管理。
》也能讓植株附生在木板上來栽培。

多肉、鹿角蕨

龍舌蘭‧王妃雷神錦

圓潤的療癒形狀大受歡迎，
依不同種類有各式各樣的大小！

龍舌蘭是有三百多個品種的多肉植物，從數公分到5公尺的大小都有，這也是製作龍舌蘭酒的原料。龍舌蘭喜好陽光，建議放在日照充足處照顧。由於是多肉植物，請以控水保持乾燥的方式來培育。進入休眠期後，冬季每個月只需澆水一次便已足夠。其生長速度緩慢，推薦給想在狹小空間打造綠意環境的人。

難易度
喜水度
耐陰性
耐寒性
長蟲指數
尺寸
4號

Point
》耐熱又耐寒，植株結實。
》原產地大多來自沙漠，喜好陽光。

多肉、鹿角蕨

羊角沙漠玫瑰

蜷曲的葉片，非常有特色。

極具存在感的肥大根部，也會開出美麗的花朵喔！

沙漠玫瑰又名天寶花，是來自沙漠地區的植物，特徵是非常耐旱。當樹幹看起來皺皺的，即是需要澆水的信號。具有存在感的膨潤根部是專門用來儲水，所以若澆太多水會導致樹幹浮腫，引起根腐。沙漠玫瑰喜好陽光，請放在通風良好、照得到陽光的地方。由於容易長蟎蟲和介殼蟲，要確實做好防蟲對策。

Point
》澆水過度會引起根腐。
》適度剪枝可以促使枝幹茁壯。

難易度

喜水度

耐陰性

耐寒性

長蟲指數

尺寸
3號

多肉、鹿角蕨

圓葉椒草

圓圓的葉片相當可愛，
是在網路社群上很潮的植物！

椒草種類繁多，葉形又多樣，一定能找到自己喜歡的植株。不論哪種椒草的葉子皆是圓潤又保水，所以很耐旱，即使錯過澆水時機的2～3天，也不用太擔心。若葉片變薄，便是日照不足的信號，所以請把植栽放在明亮處。圓葉椒草不耐寒，當冬季室內溫度低於15度時，請移至溫暖的地方或調整室溫。

Point
》會開出如稻穗般的花。
》植株耐旱，需小心根腐。

難易度

喜水度

耐陰性

耐寒性

長蟲指數

尺寸
7號

適合新手

金邊虎尾蘭
姬鮑魚虎尾蘭

新手也不易失敗，「最強」的觀葉植物！

虎尾蘭原產自非洲，屬於多肉植物，最經典的就是葉片上有縱向花紋的金邊虎尾蘭（圖左），因為葉片長得像老虎尾巴，因此稱之為虎尾。這兩種植物都耐旱，但卻怕悶熱，不過只要留意不要過於潮濕即可。它們的耐陰性和強適應力，個人認為是觀葉植物中最好種的植物，不太需要擔心會枯死，可以輕鬆享受栽培樂趣。

Point
》生長速度快，需注意盤根。
》葉片上若有些許皺摺，就需要澆水。

難易度
喜水度
耐陰性
耐寒性
長蟲指數

尺寸
4號／3號

適合新手

白鶴芋

> 會開出白色小花的觀葉植物，適合當作送人的禮物。

細長、顏色深的高貴葉片是其特徵。依不同種類，葉片可能有光澤感或是有斑紋，但無論是哪一種，都會長出佛焰苞，中間一粒粒的肉穗花序會開花。白鶴芋具有耐陰性，喜歡潮濕環境但也算耐旱，是很好種的植物，只要環境適宜，一整年都能開花。不過此種花含有大量的草酸鈣，寵物誤食會引起中毒，還請多加留意。

Point
》 棒狀花序會開出許多小花。
》 葉片下垂是缺水的信號。

難易度

喜水度

耐陰性

耐寒性

長蟲指數

尺寸
3號

適合新手

大鶴望蘭

適應能力出眾，
透過大葉片行光合作用。

耐熱又耐寒的結實植株是最大的魅力。

大多觀葉植物只要氣溫超過30度就會中暑，但大鶴望蘭撐到40度左右都沒問題，而且冬季氣溫3度也還很有活力。照到陽光可以健康地成長，但在陰暗的室內也能緩慢生長。與多肉植物一樣，根部能儲水，幾乎不會因為缺水而枯死。如果沒有發新芽，大多是日照不足或盤根的問題。

Point
》在生長期會健康地成長。
》沒發新芽是求救的信號。

難易度

喜水度

耐陰性

耐寒性

長蟲指數

尺寸
4號

適合新手

鳥巢蕨

波浪狀的葉片十分美麗,很受歡迎。

特殊葉片形狀讓人一眼記住,是可以放在水槽邊的植物。

又以「Crispy Wave」的名稱為人所知,一如其名,是有著波浪狀葉片的蕨類植物。耐陰性佳,即使是剪下的葉子也能保持鮮活。若照到烈日會造成葉燒,所以要擺放在避免陽光直射的地方。鳥巢蕨不耐旱,需要定期向葉片噴水。植株越小越容易缺水,所以要注意澆水的時機。

Point
》植株不耐旱,需注意空調。
》缺水易導致葉片變黃。

難易度

喜水度

耐陰性

耐寒性

長蟲指數

尺寸
3號

彩葉植物

孔雀竹芋

到了晚上，葉片會直立闔起，可以欣賞葉片的正反兩面。

早晨和夜晚的外觀不一樣，美麗的葉片極具特色。

孔雀竹芋的葉片美得像一幅畫，葉片在白天會張開，日落則闔起行睡眠運動。由於葉背是紫紅色，所以能欣賞表裏完全不同的面貌。烈日直射會引起葉燒，但日照不足會使葉色變淡，因此必須適時調整擺放位置。此外，缺水會使葉片有明顯損傷，所以需要觀察土壤是否過乾，並注意澆水時機。

Point
》放在日照不過強也不太弱的地方。
》植株怕悶熱不耐旱，務必細心照顧。

難易度

喜水度

耐陰性

耐寒性

長蟲指數

尺寸
8號

111

彩葉植物

灑金榕

鮮豔的葉片極富魅力，營造出異國情調！

原產自馬來群島和太平洋群島，別名為「變葉木」，因容易突然發生變異而廣為人知。色彩鮮豔又帶有異國氛圍是其魅力。喜好陽光，不怎麼耐陰，所以請放在日照充足處培育，若在陰涼處會使葉片上的斑紋消失。於生長期建議放在戶外，但是灑金榕不耐寒，要是氣溫低於15度，請務必移至室內。

Point
》放在日照充足處，以免斑紋消失。
》留意會引發褐斑病（主要由真菌引起，具有傳染性）。

難易度
喜水度
耐陰性
耐寒性
長蟲指數
尺寸
5號

112

彩葉植物

斑葉紅裡蕉

具有東南亞風情，是引人矚目的彩葉植物！

熱帶花紋和吸睛顏色是其特色，能成為居家擺設的裝飾亮點。它跟孔雀竹芋（參閱 P.111）一樣會行睡眠運動，所以早晚都能欣賞到不同的外觀。葉片若在白天闔上了，即是缺水的信號，務必立即澆水。另外若日照不足，斑紋則會消失，所以也要注意擺放位置。

Point
》喜歡濕潤環境，全年都要澆水。
》在生長期可進行分株。

難易度
喜水度
耐陰性
耐寒性
長蟲指數

尺寸
6號／6號

空氣鳳梨

> 不需要土壤,且可隨意擺放,非常容易入手的品種!

空氣鳳梨品種繁多,無論哪一種適應能力都很好!其葉片可吸收空氣中的水分,還長有似胎毛的「毛狀體」,能防止強光造成的傷害。也許有人會認為空氣鳳梨只需要空氣中的水分就能活,但其實它仍需要約每週2次,以噴霧器將植株整體噴濕,不過植株若太常維持濕潤狀態也不太好,請務必放在空氣流通處照顧。

Point
》用噴霧器給予水分。
》放在日照充足處行光合作用。

大三色空氣鳳梨
又長又硬的葉片,給人瘦長的印象。

小精靈空氣鳳梨
進入開花期會整體變紅。光是「小精靈」就有超過 10 種以上的品種。

女王頭空氣鳳梨
名稱來自於希臘神話的梅杜莎,如梅杜莎頭髮一樣蜷曲的葉片是其特徵。

114

松蘿鳳梨

葉片蓬鬆地往下垂的生長模樣是其特徵。葉片皺皺的即是缺水信號。

難易度
🍃

喜水度
💧💧💧

耐陰性
☀

耐寒性
🌑🌑

長蟲指數
🦋

霸王鳳

是空氣鳳梨的人氣品種。彎曲的葉片形狀十分可愛，擺上一株就頗具存在感。

卡博士空氣鳳梨

纖細瘦長的葉片，和其他品種形成對比。擁有討喜的外觀，會開出紫色的小花。

空氣鳳梨的照顧方法

不需要土壤的空氣鳳梨，可以輕鬆種植。只要放在明亮的通風處即可，地點不拘，是個十分容易融入生活的植物。

裝飾方法

放在盤子或架子上

可以像擺放飾品等小物一樣，放在架子或盤子上裝飾。市面上有在販售專門裝飾空氣鳳梨的架子。

直接放置

由於不需要土壤，如果整個植株不會濕濕的，則可以直接擺在任意處。

用吊籃懸掛

可以用繩結懸吊，或與鐵絲搭配組合，享受居家擺設的樂趣。

澆水方式

由於其氣孔在夜間至早晨打開，因此最好在傍晚澆水。冬季為了禦寒，則可以在白天澆水。空氣鳳梨與其他觀葉植物的澆水時間不同，務必注意。

噴霧器

一般會使用噴霧器噴灑大量水分。空氣鳳梨是以重複濕潤和乾燥的方式來生長，確認已經乾燥後再灑水即可。

泡水

若無法使用噴霧器或長時間不在家，可以用容器裝滿水，並以「泡水」方式來補充水分。泡水時間以 5-6 小時為基準，長時間浸泡會腐爛。補充水分後，記得要讓植株倒放在棉布上瀝乾水分，避免水分囤積在植株內。

利用盆器變換居家氣氛

植物和盆器的組合搭配，也是綠意生活的樂趣之一。即使是同種植物，只要放進不同盆器就會有不一樣的感覺。以下介紹我推薦的盆器品牌和設計師。

BARGE

其風格與植物十分融合，可以感受到大自然的氛圍。從簡約的陶瓷盆，到能給居家裝飾畫龍點睛效果的獨特盆器，品項廣泛齊全。

murmures

大多販售簡約風格的盆器，兼具實用與造型設計感，與任何植物搭配都很和諧。

推薦的設計師

以下介紹日本網路商店「mana's green」的超人氣盆器設計師。

持木祐一

畢業於東京造形大學設計系，原從事餐飲業，後來轉為盆器設計師。以大自然為發想，大膽的配色和充滿力量的造型是其特色。

Instagram：@yuichimochigi

關Madoka

從女子美術大學工藝系畢業後，在東京多摩製陶。不僅研發了獨特的釉藥，還擅長製作充滿詩意、帶有夢幻感的淡色系盆器，為居家裝飾增添不同氛圍。

Instagram：@sekima_31

土居萬里子

主要在北海道札幌從事陶藝活動。以絕妙的顏色組合來襯托觀葉植物，所設計的盆器能融入任何空間。

Instagram：@mariko_doi_pomme

推薦的園藝單品

為了讓綠意生活能更加輕鬆舒適，除了備好基礎用品，以下再推薦一些實用的園藝單品。只要準備妥當，一定能減少新手種植的失敗機率。

MY PLANTS 葉片清潔噴霧

220ml　台幣約 200 元／住友化學園藝

可以清潔葉片上的灰塵與髒污。只需往葉面上噴灑，葉片便能恢復活力和增添光澤。

土壤濕度計

台幣約 125 元／SUSTEE

只需插入盆栽便可使用的水分監測器，推薦給無法掌握澆水時間的人。土壤內含有水分時會顯示藍色，缺水時則顯示白色。

植物燈

（左）INTERIOR & GROW LUCHE 客製品
台幣約 960 元／SCHWINSEN
（右）Helios Green LED HG24
台幣約 1640 元／JPP

可代替陽光的燈具，在日照不佳的地方能使用。有些是 USB 接頭設計，有些則是安裝在照明設備上使用。詳細內容可參閱 P.11。

覆土材料

（左下）椰纖土（褐色）
（右下）椰纖土（米色）
（右上）化妝砂

為了讓植栽更好看而鋪在土壤上的材料，也具有防蟲效果。覆土材料的材質和顏色可改變居家氛圍，選擇喜歡的材料來使用吧！

測光計

測量光線是否適合種植植物時所使用，明亮度以1000流明為基準。

加濕器&溫濕度感測器

（左）SwitchBot 智慧型加濕器
3.5L　台幣約1360元／SWITCHBOT 社
（右）SwitchBot 溫濕度感測器 Plus
台幣約690元／SWITCHBOT 社

SwitchBot 的產品是即使外出，也能透過手機應用程式管理植物目前的環境狀況，如果氣溫過高，便會透過應用程式來提醒。

噴霧器

（左）噴霧空瓶
350ml　台幣約50元／DAISO
（右）植物噴霧瓶
500ml　台幣約680元／盆栽專門店 BARGE

幫植物葉片灑水時的必要單品。推薦使用能噴出細微噴霧、噴射順暢的商品。

園藝用語

開啟綠意生活前，先來了解常見的專業用語吧！

*按國語注音符號排序

【盤根】
指盆缽內長滿了根，這會影響植株吸收水分和養分。若不適當換盆，就會形成盤根。

【分株】
把長大的植株分開，以增加數量的方法。會拍落植株上的舊土，再換至新盆內。詳細內容可參閱P.74。

【徒長】
指當日照不足時，莖幹和枝節會長得細長。不僅外觀不好看，也會對生長造成不好的影響，因此徒長部分需要修剪。

【耐寒性】
指植物不怕寒冷的特性。本書介紹的常春藤和發財樹，都具有能忍受最低氣溫5度的耐寒性。

【耐陰性】
指植物即便處在日照偏少的陰暗處也能存活的特性。不過需注意即使是耐陰植物，也不能擺放在完全照不到光的地方。

【根腐】
澆水過度和施肥過多會造成根腐，這是新手種植失敗的最大原因。

【控水】
指該澆水時故意不給水的栽培法。這種斯巴達式的照顧方式，會在適應力強的植物上操作。

122

【換盆】
指把長大的幼苗移植至盆器內。從水耕栽培移植至土壤種植時也叫作換盆。

【基肥】
換盆時所使用的肥料，可混入土壤內或是置於根部下方使用。基肥的用法可參閱P.36、P.74。

【澆水】
指給予植物水分。觀葉植物的土壤只要一乾燥就要澆水是基本常識，經常長期外出的人建議使用自動澆水器。

【剪枝】
剪掉太長的枝節或莖幹，以調整形狀外觀。有時也會剪去葉片，好讓植株易於行光合作用。

【錦斑】
葉片上的斑紋，有來自外在或是基因突變的因素。日照過量或是日照不足都會導致斑紋消失。

【氣根】
指不是生長在土壤內，而是暴露在空氣中的根。龜背芋和細葉榕都有氣根。

【缺水】
指植物水分不足或是完全沒水的狀態。大多可從葉片的狀態來辨別植物是否缺水。

【下葉】
生長於莖幹下方的葉片。下葉若被上面的葉片擋住，將難以進行光合作用，或是長出新葉時會落葉。

【休眠期】
此時的植物生長速度會暫時變慢，秋季至冬季是觀葉植物的休眠期。

【新芽】
指新長出來的芽。即便下葉掉落，只要有發出新芽就不用擔心，這是在進行新陳代謝的生長象徵。

【支柱】
撐住植物莖幹的支撐棒。在種植龜背芋等半匍匐性觀葉植物時會使到，以控制生長方向。

123

【枝插】 為繁殖方式的其中一種。把剪下的枝莖插入土壤內，使植物發出新根和新芽。

【遮光】 為了不讓植物被陽光直射而遮住光線。觀葉植物很怕強光，可以用蕾絲窗簾遮光。

【追肥】 在植物生長期間施肥。在休眠期追肥會導致植物枯萎，注意務必在生長期追肥。

【生長期】 會發新芽、開花的植物生長時期。春季至秋季是觀葉植物的生長期。

【紮根】 形容根部的生長狀態。植物若生長得好，便可以說是「根養得好」。

【葉燒】 指葉片因被陽光直射，一部分葉片變色成如燒焦的模樣。必須要特別注意夏季的烈日。

【腰水】 在容器裡裝滿水，並把植物連同盆器放進容器內，從盆底的洞吸收水分的方法。植物因缺水而變得虛弱時，可以用此方法急救。

124

shop info

與 kurumidori channel 合作的網路商店

mana's green	https://manas-green.com/
kurumidori	https://kurumidori.thebase.in/

協力廠商、店家

盆栽專門店 BARGE	https://www.rakuten.ne.jp/gold/barge-ec/
SUSTEE	https://sustee.jp/
JPP	https://jpp.base.shop/
柴田園藝刀具	https://shibata-engei.co.jp/
SCHWINSEN	https://www.schwinsen.com/
SWITCHBOT 社	https://www.switchbot.jp/
住友化學園藝	https://www.sc-engei.co.jp/
DAISO	https://www.daiso-sangyo.co.jp/
DULTON	https://www.dulton.jp/onlineshop/
Hyponex JAPAN（花寶）	https://www.hyponex.co.jp/
PROTOLEAF	https://www.protoleaf.co.jp/
murmures	https://murmures.co.jp/
Royal Gardener's Club	https://www.rgc.tokyo/

※本書所刊登為 2023 年 4 月的資訊，店鋪與商品的資訊可能會有異動。
※以上資訊皆為日本當地的線上網站或聯絡資訊，若海外不容易購買，自行以其他品牌代替即可。

後記

十分感謝您購買本書。
如果看了這本書之後,
能萌生「好想種植物」、
「好想趕快去買工具」的想法,
我真的會非常高興。

植物是生物，和我們一同生長和共存。

雖然它們的成長日常非常渺小，卻能帶給我們無比喜悅。

植物不會說話、不會動，

但光是存在就能撫慰我們的心靈、給予我們快樂！

我希望能讓更多人感受到這份喜悅，

也希望讓大家能享受與植物在一起的綠意生活，

所以才會開設YouTube頻道。

即便多一個人也好，但願能讓更多人發現植物的美好。

亦期盼我能幫得上忙，讓大家能更輕鬆地享受種植樂趣。

今天起，和植物一起生活吧！

台灣廣廈 國際出版集團
Taiwan Mansion International Group

國家圖書館出版品預行編目（CIP）資料

今天起，和植物一起生活：寫給想用綠意佈置家的你！36種耐陰好種、少蟲害、新手友善的室內觀葉提案／ kurumidori channel 著 . -- 新北市：蘋果屋出版社有限公司，
2024.09
128面；14.8 X 21 公分
ISBN 978-626-7424-30-8 (平裝)
1.CST: 觀葉植物　2.CST: 栽培　3.CST: 家庭佈置

435.47　　　　　　　　　　　　　　　　　113009208

蘋果屋
APPLE HOUSE

今天起，和植物一起生活
寫給想用綠意佈置家的你！36種耐陰好種、少蟲害、新手友善的室內觀葉提案

作　　　者／kurumidori channel	編輯中心執行副總編／蔡沐晨・編輯／陳虹妏・許秀妃
譯　　　者／李亞妮	封面設計／陳沛涓・內頁排版／菩薩蠻數位文化公司
	製版・印刷・裝訂／東豪・弼聖・秉成

行企研發中心總監／陳冠蒨　　　線上學習中心總監／陳冠蒨
媒體公關組／陳柔彣　　　　　　數位營運組／顏佑婷
綜合業務組／何欣穎　　　　　　企製開發組／江季珊、張哲剛

發　行　人／江媛珍
法律顧問／第一國際法律事務所 余淑杏律師・北辰著作權事務所 蕭雄淋律師
出　　版／蘋果屋
發　　行／蘋果屋出版社有限公司
　　　　　地址：新北市235中和區中山路二段359巷7號2樓
　　　　　電話：（886）2-2225-5777・傳真：（886）2-2225-8052

代理印務・全球總經銷／知遠文化事業有限公司
　　　　　地址：新北市222深坑區北深路三段155巷25號5樓
　　　　　電話：（886）2-2664-8800・傳真：（886）2-2664-8601
郵政劃撥／劃撥帳號：18836722
　　　　　劃撥戶名：知遠文化事業有限公司（※單次購書金額未達1000元，請另付70元郵資。）

■出版日期：2024年09月　　　　ISBN：978-626-7424-30-8
　　　　　　　　　　　　　　　版權所有，未經同意不得重製、轉載、翻印。

WATASHINO YURUTTO SHOKUBUTSUSEIKATSU by Kurumidorichannel
Copyright © Kurumidorichannel, 2023
All rights reserved.
Original Japanese edition published by WANI BOOKS CO., LTD
Traditional Chinese translation copyright © 2024 by Apple House Publishing Co., Ltd.
This Traditional Chinese edition published by arrangement with WANI BOOKS CO., LTD, Tokyo,
through Office Sakai and Keio Cultural Enterprise Co., Ltd.